名师指导 整本书阅读

昆虫记

[法]亨利·法布尔/著

陈筱卿/译　李颖/导读

人民文学出版社　天天出版社

图书在版编目（CIP）数据

昆虫记 / (法) 亨利·法布尔著；陈筱卿译；李颖导读. —— 北京：天天出版社，2022.12
（名师指导整本书阅读）

ISBN 978-7-5016-1981-8

Ⅰ.①昆… Ⅱ.①亨… ②陈… ③李… Ⅲ.①昆虫学 - 青少年读物 Ⅳ.①Q96-49

中国版本图书馆CIP数据核字(2022)第211465号

责任编辑：郭 聪	美术编辑：曲 蒙
责任印制：康远超 张 璞	

出版发行：天天出版社有限责任公司

地址：北京市东城区东中街 42 号	邮编：100027
市场部：010-64169902	传真：010-64169902

网址：http://www.tiantianpublishing.com

邮箱：tiantiancbs@163.com

印刷：河北星强印刷有限公司	经销：全国新华书店等
开本：787×1092 1/16	印张：12
版次：2022 年 12 月北京第 1 版	印次：2022 年 12 月第 1 次印刷
字数：120 千字	

书号：978-7-5016-1981-8	定价：32.00 元

目 录

导读

译序 / 001

荒石园 / 005

蝉出地洞 / 022

绿蝈蝈 / 036

大孔雀蝶 / 044

豌豆象 / 070

金步甲的婚俗 / 098

田野地头的蟋蟀 / 107

西班牙蜣螂 / 117

南美潘帕斯草原的食粪虫 / 131

朗格多克蝎 / 144

昆虫的装死行为 / 168

导　读

作者简介

亨利·法布尔（1823—1915），全名让－亨利·卡西米尔·法布尔，他是法国著名的博物学家、昆虫学家、动物行为学家、文学家，被世人称为"昆虫界的荷马"。

法布尔于1823年12月22日生于法国南部的古老村落圣莱昂。自三岁起，他就对乡间的蝴蝶、萤火虫等可爱的昆虫产生了浓厚的兴趣。1857年，他发表了论文《节腹泥蜂习性观察记》，并凭借这篇文章被授予"实验生理学奖"。1879年，法布尔完成了《昆虫记》第一卷，当年，他买下了塞利尼昂的荒石园。除了可供家人居住外，那里还有他的书房、工作室和实验场。在荒石园，法布尔一边观察、做实验，一边整理前半生的研究笔记、实验记录和科学札记，经过坚持不懈的努力，终于完成了《昆虫记》后九卷。

法布尔一生致力于昆虫研究，1915年10月11日与世长辞。如今，法布尔的故居坐落在有着浓郁普罗旺斯风情的植物园中，已经成为一座承载着许多历史的博物馆。

阅读价值

《昆虫记》又被译为《昆虫世界》《昆虫的史诗》等，共十卷。这部作品极其生动地介绍了昆虫种类、体貌特征、生活习性等内容，同时记载了法布尔痴迷于昆虫研究的动因、人生理想、知识背景、生活状况等内容，是一部兼具科学性与文学性的经典巨作。

《昆虫记》不但呈现了丰富的有关昆虫的科学知识，还展现了法布尔对昆虫的喜爱、对昆虫研究的痴迷、对科学观察研究的专注与投入，更向一代又一代读者展示了他的文学才华，传达了他对生命的无限尊重以及对大自然的无限热爱与向往。

时至今日，《昆虫记》依然能够引领我们走进各类昆虫多姿多彩的生活，我们可以跟随法布尔的脚步，和他一起在文字中体会各式各样的观察和实验，在字里行间学习昆虫知识，认识不同昆虫的特性、多样性和统一性，从而形成科学的世界观。其中，蝉、蚂蚁、螳螂、蝈蝈、蟋蟀等昆虫距离我们的生活非常近，在阅读之余，我们可以像法布尔一样，在大自然中清晰地了解它们，这样不但可以加深我们对它们的认识与理解，还可以让我们更好地与它们相伴相生，共建和谐、健康的生态环境。

在阅读中，我们会发现，与很多研究者不同，法布尔并非采用解剖的方式，而是在真实的生活世界中观察昆虫，因此，作品中各种各样的昆虫鲜活而灵动、独特而有趣。法布尔不仅真实地记录了昆虫的生活，还将它们缤纷的生活与人类世界建立关联，更透过昆虫的生活折射出人类世界的种种，这样有广度、有深度、有温度的观察与写作方式着实令人敬佩。

《昆虫记》是以昆虫为主角的自然科学类科普作品，但它与其他生涩、深奥的学术著作不同，难能可贵地有着极高的文学造诣。书中的每一篇文章都结构严谨、逻辑严密，用通俗易懂的语言普及与昆虫相关的科学知识，又不失语言的生动活泼、俏皮幽默，尽管是鸿篇巨制，仍然深入浅出，富有趣味性，堪称科学与文学完美结合的典范。

阅读方法

●跟随悬念猜想 《昆虫记》中设置了很多悬念，同法布尔一起预测昆虫的未知命运，探索昆虫的神奇秘密，可以增强阅读的神秘性与趣味性。在《蝉出地洞》一篇中，作者先后提出"洞中挖出的泥土都去哪儿了？""干燥泥土是怎么弄成泥浆涂在洞壁上的？"等问题，读者带着疑惑阅读，在作者的观察和猜想中获取答案，进而收获真相大白的快乐。

●关注修辞手法的运用 比喻和拟人修辞是《昆虫记》中使用较多且极为精妙的写作方法。在《豌豆象》一篇中，作者把蚕豆比喻成一家豌豆象旅馆，生动而准确地突出了蚕豆比豌豆个头儿大的特点，空间大就可以让多只豌豆象幼虫共同生活在里面，这就更符合"旅馆"的说法。在《绿蝈蝈》一篇中，"未来的母亲们庄重严肃地踱着步，佩刀半抬着"一句运用拟人的手法，把雌性绿蝈蝈小心谨慎、缓慢悠然的状态描写得生动形象。这些活灵活现的修辞手法的运用，让昆虫世界变得多姿多彩，惹人喜爱。

●品读连用动词的妙处 法布尔善于借助富有表现力的动词描写昆虫的生活场景，特别是连用多个动词，构成一段段精彩的场面描写，使昆虫的世界富有戏剧色彩。在《蝉出地洞》一篇中，作者连用"灌满、爬、弄湿、拍打、拍实、压紧、抹平"等动词，细致入微地还原了蝉的幼虫挖掘和建造地道的完整过程，既表现出蝉在劳动时的认真、勤劳，也从侧面衬托出法布尔在进行科学观察时的一丝不苟。

●建立昆虫档案 《昆虫记》是法布尔的观察笔记，他将自己的研究过程写成了生动、有趣的故事。我们可以边阅读，边建立包括昆虫名称、体貌特征、生活习性、特殊本领以及研究方法、科学精神、深刻哲思等内容在内的"昆虫档案"。在档案建立的过程中，有意识地提取重要信息，积累昆虫知识，收获人文启迪。除了表格档案外，还可以借助思维导图、昆虫名片、给昆虫画像等方式制作有创意的昆虫档案。此外，档案中可以融入对法布尔独特行文构思的鉴赏评价以及个人的阅读感悟。

●"虫性"与"人性"的相互观照。法布尔笔下的昆虫世界也是人类世界的一面镜子，透过"虫性"观"人性"或通过"人性"探知"虫性"是我们在阅读《昆虫记》时可以特别留心思考的角度。在《西班牙蜣螂》一篇中，为了自己的孩子，蜣螂妈妈冒着危险，小心翼翼地从洞里爬到洞口，精心地"划拉、翻找、拖拽、拖散"，把食物拖回洞里储存起来，再重复这样的步骤。这样的付出，就像人类世界中的母亲一样，兢兢业业、默默无闻、无怨无悔地为儿女操劳。

●关注科学精神与人文情怀。法布尔在荒石园生活了几十年，以求真务实的精神进行科学研究。在《朗格多克蝎》一篇中，他为了验证自己的猜想，连续一个月观察雌雄朗格多克蝎的相处场景，寻找"同类相食"现象背后的秘密，让我们感受到他的投入、专注与持之以恒。令人钦佩的科学精神背后，还有法布尔对昆虫的挚爱，他把昆虫视为朋友，把自己对人生的领悟融入昆虫的一举一动中，洋溢着对生命的尊重。对生灵的热爱，对生命的赞美，对自然的敬畏，对人性的反思，构成了《昆虫记》独有的人文情怀。

译 序

陈筱卿

　　19世纪末到20世纪初，在法国，一位昆虫学家的一本令人耳目一新的书出版了。全书共十卷，长达二三百万字。该书一出版，便立即成为畅销书。该书书名按照法文直译应为《昆虫学回忆录》，但被简单通俗地称为《昆虫记》。该书出版之后，好评如潮。法国著名戏剧家埃德蒙·罗斯丹称赞该书作者时称："这个大学者像哲学家一般地去思考，像艺术家一般地去观察，像诗人一般地去感受和表达。"法国20世纪初的著名作家、《约翰·克利斯朵夫》的作者罗曼·罗兰称赞道："他观察之热情耐心、细致入微，令我钦佩，他的书堪称艺术杰作。我几年前就读过他的书，非常喜欢。"英国生物学家达尔文夸赞道："他是无与伦比的观察家。"

中国的现代作家周作人也说："见到这位'科学诗人'的著作，不禁引起旧事，羡慕有这种好的书看的别国少年，也希望中国有人来做这翻译编纂的事业。"鲁迅先生早在"五四"以前就已经提到过《昆虫记》这本书，想必他看的是日文版。当时法国和国际学术界称赞该书作者为"动物心理学的创始人"。总之，这是一本根据对昆虫的习性、昆虫的生活的详尽而真实的观察写成的不可多得的一本书。书中所记述的昆虫的习性、生活等各方面的情况真实可信，而且，作者描述起这些昆虫来文笔精练、清晰。因此，该书被人们冠之以"昆虫的史诗"之美称，作者也被赞誉为"昆虫的维吉尔"。

该书作者就是亨利·法布尔（1823—1915）。他出身贫苦，一生刻苦勤奋，锐意进取，自学成才，用12年的时间先后获得业士、双学士和博士学位。但是，他的这种奋发向上并未获得法国教育界、科学界的权威们的认可，以致虽一直梦想着能执大学教鞭的法布尔终不能遂其心愿，只好屈就中学的教职，以微薄的薪酬维持一家七口的生活。但法布尔并未因此而气馁消沉，除了兢兢业业地教好书，完成好本职工作以外，他还利用业余时间对各种各样的昆虫进行细心的观察研究。他的那股钻劲儿、韧劲儿、孜孜不倦劲儿，简直到了废寝忘食的程度。他对昆虫的那份好奇，那份爱，非常人所能理解。好在他的家人给予了他大力的支持，使他得以埋首于自己的观察研究之中。法布尔对昆虫的研究之深入细致，使他笔下的那些小虫子，一个个活泛起来，活灵活现，栩栩如生，充满着灵性，让人看了之后觉得它们着实可爱，就连一般人所讨厌的食粪虫，让人看了都觉得妙趣横生。

该书堪称鸿篇巨制，既可视为一部昆虫学的科普书籍，又可称为描写昆虫的文学巨著，因而，在法布尔晚年时，也就是1910年，他曾获得诺贝尔文学奖的提名。《昆虫记》全集本于1879年到1907年间陆续完成、发表，最后一版发表于1919年到1925年间。后来，该书便一再地以选本的形式出版发行，冠名为《昆虫的习性》《昆虫的生活》《昆虫的漫步》等。由此可见，该书是多么受到读者们的欢迎。

我的这个译本基本上是独立成篇的，读者既可以从头往下看，也可以根据目录，先挑选自己最感兴趣的昆虫去看。因此，我劝读者们不妨拨冗一读这本老少咸宜、国内外皆获好评的有趣的书，你一定会从中感觉到它的美妙、朴实、生动。它既可以让你增加有关昆虫方面的知识，又可以让你从中了解到作者的那种似散文诗般的语言的美妙。与此同时，你也会从书里的字里行间看到作者法布尔的那种坚韧不拔，那种孜孜不倦，那种求实精神，那种不把事情弄个水落石出、明明白白决不罢休的感人至深的科学态度和精神。

荒石园

那儿是我情所独钟的地方，是一块不算太大的地方，是我的"钟情宝地"，周围有围墙围着，与公路上的熙来攘往、喧闹沸扬相隔绝，虽说是偏僻荒芜的不毛之地，无人问津，又遭日头的曝晒，却是刺茎菊科植物和膜翅目昆虫们所喜爱的地方。因无人问津，我便可以在那里不受过往行人的打扰，专心一意地对沙泥蜂和石泥蜂等去进行艰难的探索。这种探索难度极大，只有通过实验才能完成。我不必在那里耗费时间，伤心劳神地跑来跑去，东寻西觅，不必着急慌忙地赶来赶去，我只是安排好自己的周密计划，细心地设置下陷阱圈套，然后，每天不断地观察记录所获得的效果。是的，"钟情宝地"，那就是我的夙愿，我的梦想，那就是我一直苦苦追求但总难以实现的一个梦想。

一个每天都在为每日的生计操劳的人，想要在旷野

开篇手法

欲扬先抑，用对比的手法巧设悬念，既突出了"我"的"钟情宝地"的与众不同，也为后文描写昆虫的生存环境做有效铺垫。这样的开篇值得我们在写作中学习借鉴。

之中为自己准备一个实验室，实属不易。我四十年如一日，凭借自己顽强的意志力，与贫困潦倒的生活苦斗着。终于，有一天，我的心愿得到了满足。这是我孜孜不倦、顽强奋斗的结果，其中的艰苦繁难我在此就不赘述了，反正我的实验室算是有了，尽管它的条件并不十分理想，但是有了它，我就必须拿出点时间来侍弄它。其实，我如同一个苦役犯，身上锁着沉重的锁链，闲暇时间并不太多。但是，愿望实现了，总是好事，只是稍嫌迟了一些，我可爱的小虫子们！我真害怕，到了采摘梨桃瓜果之时，我的牙却啃不动它们了。是的，确实是来得晚了点：当初的那广阔的旷野，而今已变成了低矮的穹庐，令人窒息憋闷。而且它还在日益地变低、变矮、变窄、变小。对于往事，除了我已失去的东西以外，我并无丝毫的遗憾，没有任何的愧疚，甚至对我那消逝而去的光阴也是如此，而且，我对一切都已不再抱有希望了。世态炎凉我已尝遍，体味甚深，我已心力交瘁，心灰意冷，每每禁不住要问问自己，为了活命，吃尽苦头，是否值得？我此时此刻的心情就是这样。

我放眼四周，只见一片废墟，唯有一堵断墙残垣危立其间。这个断墙残垣因为石灰沙泥浇灌凝固，所以仍然兀立在废墟的中央。它就是我对科学真理的执着追求与热爱的真实写照。啊，我的心灵手巧的膜翅目昆虫们；啊，我的这份热爱能否让我有资格给你们的故事追加一些描述呀？我会不会心有余而力不足啊？我既然心存这份担忧，为何又把你们抛弃了这么长时间呢？有一些朋友已经因此而责备我了；啊，请你们去告诉他们，告诉那些既是你们的也是我的朋友，告诉他们我并不是因为懒惰和健忘，才抛弃了你们的，告诉他们我一直在惦记着你们，告诉他们我始终深信节腹泥蜂的秘密洞穴中还有许多尚待我们去探索的有趣的秘密，告诉他们飞蝗泥蜂的猎食活动还会向我们提供许多有趣的故事……然而，我缺少时间，又是单枪匹马、孤立无援、无人理睬，何况，我在高谈阔论、纵横捭阖之前，必须先考虑生计的问题。我请你们就这么如实地告诉他们吧，他们是会原谅我的。

还有一些人在指责我，说我用词欠妥，不够严谨，说穿了，就是缺少书卷气，没有学究味儿。他们担心，一部作品让读者谈起来容易，不费脑子，那么，该作品就没能表达出真理来。照他们的说法，只有写得晦涩难懂，让人摸不着头脑，那作品就是思想深刻的了。你们

写作手法

用直抒胸臆的方式表达自己对科学真理坚持不懈的炽热追求。全书的很多内容都直接或间接地传达了这种信念，阅读时，可用心体会和学习。

这些身上或长着螫针或披着鞘翅的朋友，你们都过来吧，来替我辩白，替我做证。请你们站出来说一说，我与你们的关系是多么亲密，我是多么耐心细致地观察你们，多么认真严肃地记录下你们的活动。我相信，你们会异口同声地说："是的，他写的东西没有丝毫的言之无物的空洞乏味的套话，没有丝毫不懂装懂、不求甚解的胡诌瞎扯，有的是准确无误地记录下来的观察到的真情实况，既未胡乱添加，也未挂一漏万。"今后，但凡有人问到你们，请你们就这么回答他们吧。

叙述手法

用第二人称"你们"叙事，就像在与昆虫面对面交谈，这是法布尔与昆虫亲密关系的自然流露。由衷地热爱昆虫、亲近昆虫，仔细观察，严谨记录——这是法布尔科学研究的真实写照。

另外，我亲爱的昆虫朋友们，如果因为我对你们的描述没能让人生厌，因而说服不了那帮嗓门很大的人的话，那我就会挺身而出，郑重地告诉他们，你们对昆虫是开膛破肚，而我是在它们活蹦乱跳的情况下进行研究；你们把昆虫变成一堆既可怖又可怜的东西，而我则使人们喜欢它们；你们在酷刑室和碎尸场里工作，而我是在蔚蓝的天空下，在鸣蝉的歌声中观察；你们用试剂测试蜂房和原生质，而我却研究本能的最高表现；你们探索死亡，而我却探究生命。因此，我完全有资格进一步地表明我的思想：野猪把清泉的水给搅浑了，原本是青年人的一种非常好的专业——博物史，因越分越细，

修辞运用

用排比句式讲述自己对昆虫的研究与那些误解甚至非议他的人的本质区别。法布尔用较为强烈的语气表明自己的研究是在昆虫自然、灵动、欢快的状态下开展的，他探究的是鲜活的生命。这是法布尔对昆虫生命和科学研究的至高尊重。

相互隔绝，互不关联，竟成了一种令人心生厌恶、不愿涉猎的东西。诚然，我是在为学者们而写，是在为将来有一天或多或少地为解决"本能"这一难题做点贡献的哲学家们而写。但是，我也是在，而且尤其是在为青年人而写，我真切地希望他们能热爱这门被你们弄得让人恶心的博物史专业。这就是我为什么在竭力地坚持真实第一，一丝不苟，绝不采用你们的那种科学性的文字的缘故。你们的那种科学性的文字，说实在的，好像是从休伦人[1]所使用的土语中借来的。这种情况，并不鲜见。

然而，此时此刻，我并不想做这些事。我想说的是我长期以来一直魂牵梦萦着的那块计划之中的土地，我一心想着把它变成一座活的昆虫实验室。这块地，我终于在一个荒僻的小村子里寻觅到了。这块地被当地人称为"阿尔玛"，意为"一块除了百里香恣意生长，几乎没有其他植物的荒芜之地"。这块地极其贫瘠，满地乱石，即使辛勤耕耘，也难见成效。春季来临，偶尔带来点雨水，乱石堆中也会长出一点草来，随即引来羊群的光顾。不过，我的阿尔玛，由于乱石之间仍夹杂着一点红土，所以还是长过一些作物的。据说，从前，那儿就

[1] 休伦人：十七世纪时的北美洲印第安人中的一支。

长着一些葡萄。的确，为了种上几棵树，我就在地上挖来刨去，偶尔会挖到一些因时间太久而已部分炭化了的实属珍稀的乔本植物的根茎来。于是，我便用唯一可以刨得动这种荒地的农用三齿长柄叉来又刨又挖的。然而，每每都会感到十分的遗憾，据说最早种植的葡萄树没有了，而百里香、薰衣草也没有了，一簇簇的胭脂虫栎也见不着了。这种矮小的胭脂虫栎本可以长成一片矮树林的，它们确实长不高，只要稍微抬高点腿，就可以从它们上面迈过去。这些植物，尤其是百里香和薰衣草，能够为膜翅目昆虫提供它们所需要采集的东西，所以对我十分有用，我不得不把偶尔被我的农用三齿长柄叉刨出来的又给栽了进去。

在这儿大量存在着的，又不需要我去亲手侍弄的是那些开始时随着风吹的土粒而来的，而后又长年积存起来的植物。最主要的是犬齿草，那是十分讨厌的禾本植物，三年的炮火连天、硝烟弥漫的战争都没能让它们灭绝，真是"野火烧不尽，春风吹又生"。数量上占第二位的是矢车菊，都是一副桀骜不驯的样子，浑身长满了刺，或者长满了棘，其中又可分为两年生矢车菊、蒺藜矢车菊、丘陵矢车菊、苦涩矢车菊，而尤以两年生矢车

修辞运用

"桀骜不驯"通常比喻人的傲慢，这里运用拟人的手法，用"桀骜不驯"形容矢车菊的神态，既生动地写出了矢车菊浑身是刺、恣意生长的模样，又流露出作者对矢车菊的"厌恶"。分析这一处拟人手法的表达效果时，注意从矢车菊的特点和作者的情感态度双重角度考虑。

菊数量最多。各种各样的矢车菊相互交织，彼此纠缠，乱糟糟地簇拥在一起，其中可见一种菊科植物，形同枝形大烛台似的支棱着，凶相毕露，被称为西班牙刺柊，其枝杈末梢长着很大的橘红色花朵，似同火焰一般，而其刺茎则是硬如铁钉。长得比西班牙刺柊要高的是伊利大刺蓟，它的茎孤零零地"独立寒秋"，笔直硬挺，高达一两米，梢头长着一个硕大的紫红色绒球，它身上所佩带的利器，与西班牙刺柊相比，毫不逊色。别忘了，还有刺茎菊科类植物。首先必须提到的是恶蓟，浑身带刺，致使采集者无从下手；其次是披针蓟，阔叶，叶脉顶端是梭镖状硬尖；最后是越长颜色越黑的染黑蓟，这种植物缩成一个团，状如插满针刺的玫瑰花结。这些蓟类植物之间的空地上，爬着荆棘的新枝丫，结着淡蓝色的果实，枝条长长的，像是长着刺的绳条。如果想要在这杂乱丛生的荆棘中观察膜翅目昆虫采蜜，就得穿上半高筒长靴，否则腿肚子就会被拉得满是条条血丝，又痒又疼。当土壤尚留下春雨所能给予的水分，墒[1] 情尚可时，角锥般的刺柊和大翅蓟细长的新枝丫便会从由两年生矢车菊的黄色头状花序铺就的整块的地毯上生长出

写作手法

侧面描写，通过对自己在荆棘丛中近距离观察昆虫的艰难的描述，侧面反映出矢车菊浑身是刺、让人难以亲近的特点，再次道出了作者不喜欢矢车菊的原因。

---

[1] 墒（shāng）：指田地里土壤的湿度。

来。这时候，在这片荒凉贫瘠的艰苦环境下，这种极具顽强生命力的荆棘必定会展现出它们的某些娇媚来的。四下里矗立着一座座狼牙棒似的金字塔，伊利里亚矢车菊投出它那横七竖八的标枪来。但是，等到干旱的夏日来临时，这儿呈现的是一片枯枝败叶，划根火柴，就会点着整块的土地。这就是我想要从此永远与我的昆虫们亲密无间地生活的美丽迷人的伊甸园，或者，更确切地说，我一开始拥有这片园子时，它就是这么一座荒石园。我经过了四十年的艰苦努力，顽强奋斗，最终才获得了这块宝地。

行文方式

运用过渡句，"艰苦努力""顽强奋斗"承接上文努力付出的艰辛，"这块宝地"引出下文对荒石园的进一步介绍。这种行文方式更容易引起读者对关键内容的关注，值得借鉴。

我称它为美丽迷人的伊甸园，我这么说还是恰如其分的。这块没人看得上眼的荒地，可能没一个人会往上面撒一把萝卜籽的，但是，对于膜翅目昆虫来说，它可是个天堂。荒地上那茁壮成长的刺蓟类植物和矢车菊，把周围的膜翅目昆虫全部吸引了来。我以前在野外捕捉昆虫时，从未遇到过任何一个地方，像这个荒石园那样，聚集着如此之多的昆虫，可以说，所有的膜翅目昆虫全部聚集到这里来了。它们当中，有专以捕食活物为生的"捕猎者"，有以湿土"造房筑窝者"，有梳理绒絮的"整理工"，有在花叶和花蕾中修剪材料备用的"备

写作手法

再次运用排比句的方式把膜翅目昆虫的分工一一道来。这些分工的清晰呈现，与法布尔长期仔细的观察密不可分。想象一下，法布尔凑近这些昆虫，聚焦它们的每一个细微举动，静心观察、跟踪、记录、分析，天长日久，他就成为昆虫大家庭中的一员。

料工"，有以碎纸片建造纸板屋的"建筑师"，有搅拌泥土的"泥瓦工"，有为木头钻眼的"木工"，有在地下挖掘坑道的"矿工"，有加工羊肠薄膜的"技工"……还有不少干什么什么的，我也记不清了。

这是个干什么的呀？它是一只黄斑蜂。它在两年生矢车菊那蛛网般的茎上刮来刮去，刮出一个小绒球来，然后，它便得意扬扬地把这个小绒球衔在大颚间，弄到地下，制造一个棉絮袋子来装它的蛋和卵。那些你争我斗、互不相让的家伙是干什么的呀？那是一些切叶蜂，腹部下方有一个花粉刷，刷子颜色各异，有的呈黑色，有的呈白色，有的则是火红火红的颜色。它们还要飞离蓟类植物丛，到附近的灌木丛中，从灌木的叶子上剪下一些椭圆形的小叶片，把它们组装成容器，来装它们的收获物——花粉。你再看，那些一身黑绒衣服的，都是干什么的呀？它们是石泥蜂，专门加工水泥和卵石的。我们可以在荒石园中的石头上，很容易地看到它们所建造起来的房屋。还有那些突然飞起，左冲右突，大声嗡鸣的，是干什么的呀？它们是沙泥蜂，它们把自己的家安在破旧墙壁和附近向阳物体的斜面上。

现在，我们看到的是壁蜂。有的在蜗牛空壳的螺旋

修辞运用

这句话用拟人的手法把黄斑蜂的可爱写得淋漓尽致。"刮来刮去"写出了这只黄斑蜂动作的专注与仔细；"刮出一个小绒球来"就"得意扬扬"，写出了这只黄斑蜂辛勤劳动后，满满的成就感；"弄到地下，制造一个棉絮袋子装它的蛋和卵"，则表现出它聪明、机灵且做事情有条不紊的一面。

壁上建造自己的窝；有的在忙着啄一段荆条，吸去其汁液，以便为自己的幼虫做成一个圆柱形的房屋，而且，房屋中用隔板隔开，隔成一层一层的，俨然一幢楼房；有的还在设法将一个折断了的芦苇作为天然通道派上用场；还有的，干脆就乐享其成地免费使用高墙石蜂空闲着的走廊。让我们再来看看：那是大头蜂和长须蜂，其雄蜂都长着高高翘起的长触角；那是毛斑蜂，它的后爪上长着一个粗大的毛钳，是它的采蜜器官；那些是种类繁多的土蜂；此外，还有一些隧蜂，腰腹纤细。我就先这么简要地提上一句，不一一赘述，否则我得把采花蜜的昆虫全部记录下来了。我曾经把我新发现的昆虫呈送给波尔多[1]的昆虫学家佩雷教授，他问我是否有什么特别的捕捉方法，怎么会捕捉到这么多既稀罕鲜见又全新的昆虫品种？我并不是什么捕捉昆虫的专家学者，更不是一心一意地在寻找昆虫、捕捉昆虫、制作标本的专家学者，我只是对研究昆虫的生活习性颇感兴趣的昆虫学爱好者。所有的昆虫都是我在长着茂密的蓟类植物和矢车菊的草地上捉到并喂养着的。

真是天机巧合，与这个采集花蜜的大家庭在一起的

研究方法

这是法布尔朴素且独特的研究方法——零距离走进昆虫生活的第一现场，不去打扰，没有伤害，对于自己而言，纵有万般艰苦，依然乐在其中。

---

[1] 波尔多：法国西南部的一个中心城市。

还有一群群的捕食采蜜者的猎食者。泥瓦匠们在我的荒石园中垒造园子围墙时，遗留下来不少的沙子和石头，这儿那儿地随意堆放着。由于工程进展缓慢，拖了又拖，一开始就运到荒石园来的这些建筑材料便这么遗弃着。渐渐地，石蜂们选中石头之间的空隙投宿过夜，一堆一堆地挤在一起。粗壮的斑纹蜂遇到袭击时，会向你迎面扑来，不管侵袭者是人还是狗；它们往往选择在洞穴较深的地方过夜，以防金龟子的侵袭。白袍黑翅的鹡鸰鸟，宛如身着多明我会[1]服装的修士，栖息在最高的石头上，唱着它那并不动听的小曲短调。离它所栖息的石头不远，必定有它的窝巢，大概就在某个石头堆中，窝巢内藏着它的那些天蓝色的小鸟蛋。不一会儿，这位"多明我会修士"便不见了踪影，消失在石头堆中了。我对这个鹡鸰鸟颇有点怀念，而对于那长耳斑纹蜂，我却并不因它的消失而感到遗憾。

沙堆是另一类昆虫的幽居之所。泥蜂在那儿清扫门庭，用后腿把细沙往后蹬踢，形成一个抛物形；朗格多克飞蝗泥蜂用触角把无翅螽斯咬住，拖入洞中；大唇泥

[1] 多明我会：又称"布道兄弟会"，俗称"黑衣兄弟会"，是天主教四大托钵修会之一。

蜂正在把它的储备食物——叶蝉藏入窖中。让我心疼不已的是，泥瓦匠终于把那儿的猎手们全给撵走了。不过，一旦有这么一天，我想让它们回来的话，只需再堆起一些沙堆，它们很快就归来了。

居无定所的各种沙泥蜂倒是没有消失。我在春季里可以看见某些品种的沙泥蜂，在秋季里又可以看见另一些品种的沙泥蜂，飞到荒石园的小径草地上，跳来飞去，寻找毛虫。各种蛛蜂也留在了园中，它们正拍打着翅膀，警惕地飞行着，朝着隐蔽的角落，去捕捉蜘蛛。个头儿大的蛛蜂则窥伺着狼蛛[1]，狼蛛的洞穴在荒石园中有的是。这种蜘蛛的洞穴呈竖井状，井口由禾本植物的茎秆中间夹着蛛丝做成的护栏保护着。往洞穴底部看去，大多数的狼蛛个头儿很大，眼睛闪烁发亮，让人看了直起鸡皮疙瘩。对于蛛蜂来说，捕捉这种猎物可是非同小可的事啊！好吧，让我们观观战吧。

在这盛夏午后的酷热之中，蚂蚁大队爬出了"兵营"，排成一个长蛇阵，到远处去捕捉奴隶。让我们不妨忙里偷闲，随着这蚂蚁大军前行，看看它们是如何围

---

[1] 狼蛛：又称纳尔仓那蛛，中型蜘蛛，体灰褐色，不结网，常游猎于田间、水边及山区。

捕猎物的吧。那儿，在一堆已经变成了腐殖质的杂草周围，只见一群长约一点五法寸[1]的土蜂正没精打采、懒洋洋地飞动着，它们被金龟子、蛀犀金龟子和金匠花金龟子的幼虫吸引住了，那可是它们丰盛的美餐啊，所以便一头钻进那堆杂草中去了。

值得观察研究的对象简直是太多太多了，而且，光是这里，也只是提到了一部分而已！这座荒石园，人去楼空，房屋被闲置地也撂荒了。没有人住的这座荒石园，成了动物的天堂，没有人会伤害它们了，它们也就占据了这儿的角角落落。黄莺在丁香树丛中筑巢搭窝；翠鸟在柏树那繁茂的枝叶间落户安家；麻雀把碎皮头和稻草麦秆衔到屋瓦下；南方的金丝雀在它们那建在梧桐树梢的没有半个黄杏大的小安乐窝里鸣叫；红角鸮习惯了这儿的环境，晚间飞来唱它那单调歌曲，声似笛音；被人称为雅典娜鸟的猫头鹰也飞临此地，发出它那刺耳的咕咕声响。

这座废弃屋前有一个大池塘，向村子里输送泉水的渡槽，顺带着把清清的流水送到这个大池塘中。动物发情的季节，两栖动物便从方圆一公里处往池塘边爬来。

[1] 法寸：法国长度单位，一法寸约为二十七点零七毫米。

灯芯草蟾蜍——有的个头儿大如盘子——背上披着窄小细长的黄绶带，在池塘里幽会、沐浴；日暮黄昏时，"助产士"雄蟾蜍的后腿上挂着一串胡椒粒似的雌蟾蜍的卵——这位宽厚温情的父亲，带着它珍贵的卵袋从远方蹦跳而来，要把这卵袋没入池塘中，然后再躲到一块石板下面，发出铃铛般的声响。成群的雨蛙躲在树丛间，不想在此时此刻哇哇乱叫，而是以优美动人的姿势在跳水嬉戏。五月里，夜幕降临之后，这个大池塘就变成了一个大乐池，各种鸣声交织，震耳欲聋，以致你若是在吃饭，就甭想在饭桌上交谈，即使躺在床上，也难以成眠。为了让园内保持安静，必须采取严厉的措施。不然怎么办？想睡而又被吵得无法入睡的人，当然心就会变硬的。

膜翅目昆虫简直无法无天，竟然把我的隐居之所也给侵占了。白边飞蝗泥蜂在我屋门槛前的瓦砾堆里做窝，为了踏进家门，我不得不特别小心，否则，一不留神，就会把它的窝给踩坏，正在忙活的"矿工们"将会遭灭顶之灾。我已经有整整二十五年没有看到过这种捕捉蝗虫的高手了。记得我第一次看见它时，是我走了好几里地去寻找的；其后，每次去寻访它时，都是顶着那八月火热的骄阳前去，忍受着那艰难的长途跋涉。可是，今天，我却在自家门前见到了它们，它们竟然成了我的芳邻了。关闭的窗户框为长腹蜂提供了温度适宜的套房；它那泥筑的蜂巢，建在了规整石材砌成的内墙壁上；这些捕食蜘蛛的好猎手归来时，穿过窗框上本来就有的一个现成的小洞孔，钻入房内。百叶窗的线脚上，几只孤身的石蜂建起了它们的蜂房群落；略微开启着的防风窗板内侧，一只黑胡蜂为自己建造了一个小土圆顶，圆顶上面有一个大口短细颈脖。胡蜂和马蜂经常光顾我家，它们飞到饭桌上，尝尝桌上放着的葡萄是否熟透了。

这儿的昆虫确实是又多又全，而我所见到的只不过是一小部分，而且非常不全。如果我能与它们交谈的话，那么，我就会忘掉孤苦寂寥，变得情趣盎然。这些昆虫，有些是我的新朋，有的则是我的旧友，它们都在我这里，挤在这方小天地之中，忙着捕食、采蜜、筑窝搭巢。另外，若是想要改变一下观察环境，这也不难，因为几百步开外便是一座山，山上满是野草莓丛、岩蔷薇丛、欧石楠树丛；山上有泥蜂们所偏爱的沙质土层，有各种膜翅目昆虫喜欢开发利用的泥灰质坡面。我正是因为早已认准了这块风水宝地，这笔宝贵财富才逃避开城市，躲到这乡间里，来到塞里尼昂[1]这儿，给萝卜地锄草，给莴苣地浇水。

人们花费大量资金，在大西洋沿岸和地中海边建起许许多多的实验室，以便解剖对我们来说并无多大意义的海洋中的小动物；人们耗费大量钱财，购置显微镜、精密的解剖器械、捕捞设备、船只，雇用捕捞人员，建造水族馆，为的是了解某些环节运动的卵黄是如何分裂的。我直到如今都没弄明白，这些人搞这些有什么用处？为什么他们偏偏就对陆地上的小昆虫不屑一顾？这些小昆虫可是与我们息息相关的，它们向普通生理学提供着难能可贵的资料。它们中有一些在疯狂地吞食我们的农作物，肆无忌惮地在破坏着公共利益。我们迫切地需要一座昆虫学实验室，一座不是研究三六酒[2]里的死昆虫，而是研究活蹦乱跳的活昆虫的实验室，一座以研究这个小小的昆虫世界的动物之本能、习性、生活方式、劳作、争斗和生息繁衍为目的的昆虫实验室，而我们的农业和哲学又必须对之予以高度重视。彻底掌握对

[1] 塞里尼昂：法国埃罗省的一个小镇。
[2] 三六酒：旧时一种八十五度以上的烧酒，取三份烧酒，兑三份水，即成六份普通烧酒。

我的葡萄树进行吞食、蹂躏的那些昆虫，可能要比了解一种蔓足纲动物的某一根神经末梢结尾是个什么状态更加重要。通过实验来划分清楚智力与本能的界限，通过比较动物系列的各种事实，以揭示人的理性是不是一种可以改变的特性等，这一切，应该比了解一个甲壳动物的触须有多少要重要得多。为了解决这些大的问题，必须动用大批的工作人员，可是，就目前来说，我只是孤军一人在奋战。当下，人们的注意力放在了软体动物和植虫动物的身上了。人们花费大量的资金购置许许多多的拖网去探索海底世界，可是，对自己脚下的土地却漠然处之，不甚了解。我在等待着人们改变态度的同时，开辟了我的荒石园这座昆虫实验室，而这座实验室却用不着花纳税人的一分钱。

本篇选自原著第二卷

蝉出地洞

将近夏至时分，第一批蝉出现了。在人来人往、被太阳暴晒、被踩踏瓷实的一条条小路上，张开着一些能伸进大拇指、与地面持平的圆孔洞。这就是蝉的幼虫从地下深处爬回地面来变成蝉的出洞口。除了耕耘过的田地以外，几乎到处可见一些这样的洞。这些洞通常都在最热、最干的地方，特别是在道旁路边。出洞的幼虫有锐利的工具，必要时可以穿透泥沙和干黏土，所以喜欢最硬的地方。

我家花园的一条甬道由一堵朝南的墙反射阳光，照得如同到了塞内加尔一样，那儿有许多蝉出洞时留下的圆洞口。六月的最后几天，我检查了这些刚被遗弃的井坑。地面土很硬，我得用镐来刨。

地洞口是圆的，直径约二点五厘米。在这些洞口的周围，没有一点浮土，没有一点推出洞外的土形成的小丘。事情十分清楚：蝉的洞不像粪金龟这帮挖掘工的洞，上面堆着一个小土堆。这种差异是二者的工作程序所决定的。食粪虫是从地面往地下掘进；它是先挖洞口，然后往下挖去，随即把浮土推到地面上来，堆成小丘；而蝉的幼虫则相反，它是从地下转到地上，最后才钻开洞口，而洞口是最后的一道工序，一打开就不可能用来清理浮土了。食粪虫是挖土进洞，所以在洞口留下了一个类鼹鼠丘；而蝉的幼虫是从洞中出来，无法在尚未做成的洞口边堆积任何东西。

蝉洞约深四分米，洞是圆柱形的，因地势的关系而有点弯曲，但始终要靠近垂直线，这样路程是最短的。洞的上下完全畅通无阻。想在洞中找到挖掘时留下的浮土那是徒劳的，哪儿都见不着浮土。洞底是个死胡同，成为一间稍微宽敞些的小屋，四壁光洁，没有任何与延伸的什么通道相连的迹象。

根据洞的长度和直径来看，挖出的土有将近两百立方厘米。挖出的土都跑哪儿去了呢？在干燥易碎的土中挖洞，洞坑和洞底小屋的四壁应该是粉末状的，如果只是钻孔而未做任何其他加工的话，容易塌方。我却惊奇地发现洞壁表面被粉刷过，涂了一层泥浆。洞壁实际上并不是十分光洁，差得远了，但是，粗糙的表面被一层

写作手法

　　运用对比的手法，比较食粪虫与蝉挖洞方式的不同，并解释了蝉的洞口周围没有浮土和小丘的原因。

说明方法

　　"四分米"使用列数字的说明方法。对小小的蝉而言，需要费很大力气和很长时间才能挖出四分米深的洞，这里用洞的深度写出了蝉的勤劳。

巧设悬念

　　悬念是通过对情节做悬而未决的安排来引起读者迫切阅读期待的写作方法。蝉挖了洞穴，洞口却没有土，确实令人不解，作者抓住这一点设置悬念，吸引读者带着这个疑问继续阅读探究。

涂料盖住了。洞壁那易碎的土料浸上黏合剂，便被黏住不脱落了。

蝉的幼虫可以在地洞中来来回回，爬到靠近地面的地方，再下到洞底小屋，带钩的爪子却未刮擦下土来，否则会堵塞通道，上去很难，回去不能。矿工用支柱和横梁支撑坑道四壁；地铁的建设者用钢筋水泥加固隧道；蝉的幼虫这个毫不逊色的工程师用泥浆涂抹四壁，让地洞能够长期使用而不堵塞。

写作手法

采用对比写法，将蝉的幼虫与矿工、地铁建设者做对比，突出蝉"用泥浆涂抹四壁"的机智，表达法布尔对蝉智慧的慨叹。

如果我惊动了从洞中出来爬到近旁的一根树枝上，在上面蜕变成蝉的幼虫的话，它会立即谨慎地爬下树枝，毫无阻碍地爬回洞底小屋里去，这说明即使此洞就要永远被丢弃了，洞也不会被浮土堵塞起来。

这个上行管道不是因为幼虫急于重见天日才匆忙赶制而成的；这是一座货真价实的地下小城堡，是幼虫要长期居住的宅子，墙壁进行了加工粉刷就说明了这一点。如果只是钻好之后不久就要被丢弃的简单出口的话，就用不着这么费事了。毫无疑问，这也是一种气象观测站，外面天气如何在洞内便可探知。幼虫成熟之后要出洞，但在深深的地下，它无法判断外面的气候条件是否适宜。地下的气候变化太慢，不能向幼虫提供精确的气象资料，而这又正是幼虫一生中最重要的时刻——来到阳光下蜕变——所必须了解的。

幼虫几个星期、也许几个月耐心地挖土、清道、加固垂直洞壁，却不把地表挖穿，而是与外界隔着一层一指厚的土层。在洞底它比在别处更加精心地修建了一间小屋。那是它的隐蔽所、等候室，如果气象报告说要延期搬迁的话，它就在里面歇息。只要稍微预感到风和日丽的话，它就爬到高处，透过那层薄土盖子探测，看看外面的温度和湿度如何。

如果气候条件不如意，刮大风下大雨，对幼虫蜕变是极其严重的威胁，那谨小慎微的小家伙就又回到洞底屋中继续静候着。相反，如果气候条件适宜，幼虫用爪子捅几下土层盖板，便可以钻出洞来。

似乎一切都在证实，蝉洞是个等候室，是个气象观测站，幼虫长期待在里面，有时爬到地表下面去探测一下外面的天气情况，有时便潜于地洞深处更好地隐蔽起来。这就是为什么蝉在地洞深处建有一个合适的歇息所，并将洞壁涂上涂料以防止塌落的原因。

但是，不好解释的是，挖出的浮土都跑到哪儿去了？一个洞平均得有两百立方厘米的浮土，怎么都不见

巧设悬念

这里再次提出"浮土去向"问题，使读者的注意力始终聚焦，并一直跟随法布尔的观察记录进行猜测假设。设悬念的方法在日常写作中运用，可以很好地增加神秘感、层次感。

了踪影？洞外不见有这么多浮土，洞内也见不着它们。再说，这如炉灰一般的干燥泥土，是怎么弄成泥浆涂在洞壁上的呢？

蛀蚀木头的那些虫子的幼虫，比如天牛和吉丁的幼虫，好像应该可以回答第一个问题。这种幼虫在树干中往里钻，一边挖洞，一边把挖出来的东西吃掉。这些东西被幼虫的颚挖出来，一点一点地被吃下，消化掉。这些东西从挖掘者的一头穿过，到达另一头，滤出那一点点的营养成分后，把剩下的排泄出来，堆积在幼虫身后，彻底堵塞了通道，幼虫也就不得再从这儿通过了。由胃或颚进行的这种最终分解，把消化过的物质压缩得比没有伤及的木质更加密实的东西，致使幼虫前边就出现一个空地，一个小洞穴，幼虫可以在其中干活儿。这个小洞穴很短小，仅够关在里面的这个囚徒行动的。

蝉的幼虫是不是也是用类似的方法钻掘地洞的呢？当然，挖出来的浮土是不会通过幼虫的体内的，而且，泥土，哪怕是最松软的腐殖土，也绝不会成为蝉的幼虫的食物的。但是，不管怎么说，被挖出来的浮土不是随着工程的进展在逐渐地被抛在幼虫身后了吗？

蝉在地下要待四年。这么漫长的地下生活当然不会是在我们刚才描绘的准备出洞时的小屋中度过的。幼虫是从别处来到那儿的，想必是从比较远的地方来的。它是个流浪儿，把自己的吸管从一个树根插到另一个树根。当它或因为冬天逃离太冷的上层土壤，或因为要定居于一个更好的处所而迁居时，它便为自己开出一条道来，同时把用颚这把镐尖挖出的土抛在身后。这一点是无可争辩的。

如同天牛和吉丁的幼虫一样，这个流浪儿在移动时只要很小的空间就足够了。一些潮湿的、松软的、容易压缩的土对于它来说就等于是天牛和吉丁幼虫消化过后的木质糊糊。这种泥土很容易压缩，很容易堆积起来，留出空间。

困难来自另一个方面。蝉洞是在干燥的土中挖掘而成的，只要土始终保持干燥，那就很难压紧压实。如果幼虫开始挖通道时就把一部分浮土扔到身后的一条先前挖好现已消失的地道中去，这也是比较有可能的，尽管还没有任何迹象可以证明这一点。不过，如果考虑到洞的容量以及极难找到地方堆积这么多的浮土的话，你就又会怀疑起来，心想："这么多的浮土，必须有一个很大的空间才能存放得下，而挖成这个空间同样要出现许多的浮土，要存放起来同样是困难重重。这样就又得有一个空间，就会又有许多浮土，如此循环不已。"就这么转来转去，没有尽头。因此，光是把压紧压实的浮土抛到身后尚无法解释这个空间的出现这一难题。为了清除掉碍事的浮土，蝉应该是有一种特殊的法子的。我们来试试解开这个谜。

我们仔细观察一只正在往洞外爬的幼虫。它或多或少总要带上点或干或湿的泥土。它的挖掘工具——前爪尖上沾了不少的泥土颗粒；其他部位像是戴上了泥手套；背部也满是泥土。它就像是一个刚捅完阴沟的清洁工。这么多污泥看了让人惊讶不已，因为它是从一个很干燥的土里爬出来的。本以为会看见它满身的粉尘，却发现它是一身的泥污。

再顺着这个思路往前观察一下，蝉洞的秘密就解开了。我把一只正在对其洞穴进行挖掘的幼虫给挖了出来。我运气真好，幼虫正开始挖掘时我便有了惊人的发现。一个大拇指一样长的地洞，没有任何的阻塞物，洞底是一间休息室，眼下全部工程就是这个状况。那位辛勤的工人现在是什么样子呢？就是下面的这种状况。

这只幼虫的颜色显得比我在它们出洞时捉到的那些

幼虫苍白得多。眼睛非常大，特别白，浑浊不清，看不清东西；而出了洞的幼虫的眼睛则是黑黑的，闪闪发亮，说明能看得见东西。未来的蝉出现在阳光下，就必须寻找，有时还得到离洞口挺远的地方去寻找将在其上蜕变的悬挂树枝。这时候视力就非常重要了。这种在准备蜕变期间的视力的成熟足以告诉我们幼虫并非是仓促地即兴挖掘自己的上行通道的，而是干了很长的时间。

另外，苍白而眼盲的幼虫比成熟状态时体形要大。它身体内充满了液体，就像是患了水肿。如果我用指头捏住它，它的尾部便会渗出清亮的液体，弄得全身湿漉漉的。这种由肠内排出来的液体是不是一种尿液？或者只是吸收液汁的胃消化后的残汁？我无法肯定，为了说起来方便，我就称它为"尿"吧。

喏，这个尿液就是谜底。幼虫在向前挖掘时，也随时把粉状泥土浇湿，使之成为糊状，并立即用身子把糊状泥压贴在洞壁上。这具有弹性的湿土便糊在了原先干燥的土上，形成泥浆，渗进粗糙的泥土缝隙中去。拌得最稀的泥浆渗透到最里层；剩下的则被幼虫再次挤压、堆积，涂在空余的间隙中。这样一来，坑道便畅通无阻，一点浮土都不见了，因为已被就地和成了泥浆，比

行文方式

经过一系列悬念的巧妙设置，至此，悬念终于解开。原来，充当黏合剂的不是唾液、不是雨水、不是树根的汁液，而是蝉的幼虫尾部渗出的"尿液"。这种层层设疑、制造悬念的行文方式可以尝试着在自己的文章中使用。

原先的没被钻透的泥土更瓷实、更匀称。

　　幼虫就是在这黏糊糊的泥浆中干活儿来着，所以当它从极其干燥的地下出来时便浑身泥污，让人觉得十分蹊跷。成虫虽然完全摆脱了矿工的又脏又累的活儿，但并未完全丢弃自己的尿袋；它把剩余的尿液保存起来当作自卫的手段。如果谁离得太近观察它，它就会向这个不知趣的人射出一泡尿，然后便一下子飞走了。蝉尽管性喜干燥，但在它的两种形态中，都是一个了不起的浇灌者。

　　不过，尽管幼虫体内积满了液体，但它还是没有那么多的液体来把整个地洞挖出的浮土弄湿，并让这些浮土变成易于压实的泥浆。蓄水池干涸了，就得重新蓄水。从哪儿蓄水，又如何蓄水？我觉得隐约地看到问题的答案了。

　　我极其小心地整个儿地挖开了几个地洞，发现洞底小屋壁上嵌着一根生命力很强的树根须须，大小有的如铅笔粗细，有的如麦秸管一般。露出来可以看得见的树根须须短小，只有几毫米。根须的其余部分全部植于周围的土里。这种液汁泉是偶然遇上的还是幼虫特意寻找的？我倾向于后一种答案，因为至少当我小心挖掘蝉洞时，总能见到这么一种根须。

修辞运用

　　这是一个设问句，问句中给出了两种答案，引发读者的关注和思考。作者自问自答，强调蝉选择有树根的地方挖洞，是非常聪明的。

是这样的。要挖洞筑室的蝉，在开始为未来的地道下手之前，总要在一个新鲜的小树根的近旁寻觅一番。它把一点根须刨出来，嵌于洞壁，而又不让根须突出壁外。这墙壁上的有生命的地点，我想就是液汁泉，幼虫尿袋在需要时就可以从那儿得到补充。如果由于用干土和泥而把尿液用光了，幼虫矿工便下到自己的小屋里去，把吸管插进根须，从那取之不尽的水桶里吸足了水。尿袋灌满之后，它便重新爬上去，继续干活儿，把硬土弄湿，用爪子拍打，再把身边的泥浆拍实、压紧、抹平，畅通无阻的通道便做成了。情况大概就是这样的。虽然没法直接观察到，也不可能跑到地洞里去观察，但是逻辑推理和种种情况都证实了这一结论。

如果没有根须那个大水桶，而幼虫体内的蓄水池又干涸了，那会怎么样呢？下面这个实验会告诉我们的。我把一只正从地下爬出来的幼虫捉住了，把它放进一个试管的底部，用松松地堆积起来的一试管干土把它埋起来。这个土柱子高一点五分米。这只幼虫刚刚离开的那个地洞比试管长出三倍，虽说是同样的土质，但洞里的土要比试管里的土密实得多。幼虫现在被埋在我那短小的粉状土柱子里，它能重新爬到外面来吗？如果它努力

词语鉴赏

这里连用"灌满、爬、弄湿、拍打、拍实、压紧、抹平"等动词，细致入微地还原了蝉的幼虫挖掘和建造地道的完整过程，既突出了蝉劳动时的认真、勤劳，也从侧面反衬出法布尔观察时的一丝不苟。

又设悬念

前面的悬念解开了，这里提出"如何蓄水"的新问题，再度引发读者思考。作者在接连不断的悬念中引领读者思考关键问题，循序渐进地了解重要的昆虫科学知识。

挖的话，肯定是能爬出来的。对于一个刚从硬土地中挖洞的幼虫来说，一个不坚固的障碍能在话下吗？

然而，我有所怀疑。为了最后顶开把它与外界隔开的那道屏障，幼虫已经把最后储备的液体消耗光了。它的尿袋干了，没有活的根须它就毫无办法再把尿袋灌满。我怀疑它无法成功是不无道理的。果不其然，三天后，我看到被埋着的幼虫耗尽了体力，终未能爬上一拇指高。浮土被扒动过，因无黏合剂而无法当场黏合，无法固定不动，刚一拨弄开，便又塌下来，回到幼虫爪下。老这么挖、扒，总也不见大的成效，总是在做无用功。第四天，幼虫便死了。

如果幼虫的尿袋是满的，结果就大不相同。我用一只刚开始准备蜕变的幼虫进行了同样的实验。它的尿袋鼓鼓的，在往外渗，身子全湿了。对于它来说，这活儿是小菜一碟，松松的土几乎毫无阻力。幼虫稍稍用尿袋的液体润湿，便把土和成了泥浆，黏合起来，再把它们抹开、抹平。地道通了，但不很规则，这倒不假，随着幼虫不断往上爬，它身后几乎给堵上了。看起来好像是幼虫知道自己无法补充水，为了尽快地摆脱一个它很陌生的环境而节约自己身上的那仅有的一点液体，不到万不得已绝不动用。就这么精打细算的，十来天之后，它终于爬到外面来了。

出洞口捅开之后，大张着嘴待在那儿，宛如被粗钻头钻出的一个孔。幼虫爬出洞来后，在附近徘徊一阵，寻找一个空中支点，诸如细荆条、百里香丛、禾蒿秆儿、灌木枝杈什么的。一旦找到之后，它便爬上去，用前爪牢牢地抓住，脑袋昂着。其余的爪子，如果树枝有地方的话，也撑在上面；如果树枝很小，没多少地方，两只前爪钩住就足够了。然后休息片刻，让悬着的爪臂变硬，成为牢不可破的支撑点。这时候，中胸从背部裂开来。蝉从壳中蜕变而出，前后将近半个小时的工夫。蝉从壳中蜕变出来后，与先前的模样大相径庭！双翼湿润、沉重、透明，上面有一条条的浅绿色脉络，胸部略呈褐色。身体的其余部分呈浅绿色，有一处处的白斑。这脆弱的小生命需要长时间地沐浴在空气和阳光之中，以强壮身体，改变体色。将近两个小时过去了，却未见有明显的变化。它只是用前爪钩住旧皮囊，稍有点微风吹来，它就飘荡起来，始终是那么脆弱，始终是那么绿。最后，体色终于变深了，越来越黑，终于完成了体色改变的过程。这一过程用了半个小时。蝉上午九点

科学精神

幼蝉脱壳变为成蝉，需要三个小时，法布尔仔细观察、认真记录每一个细微的变化，并把整个蜕变过程生动、科学地展现在读者面前，他严谨求实、持续专注的科学精神值得尊重和学习。

悬在树枝上，到十二点半的时候，我看着它飞走了。

旧壳除了背部的那条裂缝之外，并无破损，且牢牢地挂在那根树枝上，晚秋的风雨都没能把它吹落或打下。常常可以看到有的蝉壳一挂就是好几个月，甚至整个冬天都挂在那儿，姿态仍旧如同幼虫蜕变时那样。旧壳质地坚固，硬如干羊皮，如同蝉的替身似的久久地待在那儿。

啊！如果我把我的那些农民乡邻所说的都信以为真的话，有关蝉的故事我可有不少好听的。我就只讲一个他们讲给我听的故事吧，只讲一个。

你受肾衰之苦吗？你因水肿而走路晃晃悠悠的吗？你需要治它的特效药吗？农村的偏方在对待这种病上有特效，那就是用蝉来治。把成虫的蝉在夏天里收集起来，穿成一串，在太阳地里晒干，然后藏在衣橱角落里。如果一个家庭主妇七月里忘了把蝉穿起来晒干收藏，那她会觉得自己太粗心大意了。

你是否肾脏突然有点炎症，尿尿有点不畅？赶快用蝉熬汤药吧。据说没什么比这更有效的了。以前，我不知哪儿有点不舒服，一个热心肠的人就让我喝过这种汤药，我起先不知道，是事后别人告诉我的。我很感谢这位热心者，但我对这种偏方深表怀疑。令我惊诧不已的是，阿那扎巴[1]的老医生迪约斯科里德也建议用此偏方，他说："蝉，干嚼吃下，能治膀胱痛。"从佛塞[2]来的希腊人把蝉和橄榄树、无花果树、葡萄等传授给了普罗旺斯的农民。从此，自那遥远年代起，普罗旺斯的农民便把这宝贵的药材奉若至宝。只有一点有所变化：迪约斯科里德建议把蝉烤着吃；现在，大家把蝉用来煨汤，作为煎剂。

说此偏方可以利尿，纯属幼稚天真。我们这儿人人皆知，谁要想抓蝉，它就立即向谁脸上撒尿，然后飞走。因此，它告诉了我们其排尿功能，以致迪约斯科里德及其同时代的人便以此为据，而我们普罗旺斯的农民至今仍这么认为。

啊，善良的人们！如果你们获知蝉的幼虫能用尿和泥来建自己的气象站的话，那你们又会怎么想呢？拉伯雷描写道，卡冈都亚[3]坐在巴黎圣母院的钟楼上，从自己巨大的膀胱里往外尿尿，把巴黎成百上千闲散的人淹死，还不包括妇女和儿童，否则人数会更多。你们听到这个故事，也会信以为真吗？

本篇选自原著第五卷

深刻哲思

文末使用问句，引发读者的深刻思考。法布尔在告诉人类：我们要尊重昆虫的生命，它们也是大自然的重要组成部分。透过对小小的蝉的观察，作者能够悟出如此深刻的哲理，这正是法布尔关爱昆虫、关爱生命与自然之人文精神的真实表达。

[1] 阿那扎巴：小亚细亚的一座古城。
[2] 佛塞：小亚细亚的一座古城，公元前七世纪时的商业重镇。
[3] 卡冈都亚：法国十六世纪著名作家拉伯雷的《巨人传》中的主人公。

绿蝈蝈

现在已是七月中了，按照气象学，三伏天刚刚开始，但实际上，酷热赶在日历的前头到来，几个星期以来，简直是酷热难当。

今晚，村子里在举行庆祝国庆的晚会。村童们正围着一堆旺火在欢蹦乱跳，我影影绰绰地看到火光映到教堂的钟楼上面，嘭啪嘭啪的鼓声伴随着"钻天猴"烟火的唰唰声响，这时候，我独自一人在晚上九点钟光景那习习凉风中，躲在暗处，侧耳细听田野间欢快的音乐会。这是庆丰收的音乐会，比此时此刻在村中广场上那烟火、篝火、纸灯笼，尤其是劣质烧酒组成的节日晚会更加庄严壮丽，它虽简朴但美丽，虽恬静但具有威力。

夜已深了，蝉鸣声止。整个白昼，它们饱尝阳光和炎热，尽情欢唱不止，而夜晚来临，它们要歇息了，但是它们常常被搅扰得无法休息。在梧桐树那浓密的枝杈中，突然会传来一声如哀鸣般的闷响，短促而凄厉。这是被绿蝈蝈突然袭击所惊扰的蝉的绝望哀号。绿蝈蝈是夜间凶猛凌厉的猎手，它向蝉扑去，拦腰将蝉抱住，把它开膛破肚，掏心取肺。欢歌曼舞之后，竟是杀戮。

在我的住处附近，绿蝈蝈似乎并不多见。去年，我计划着研究研究这种昆虫，但是一直没有找到过它，只好恳求一位看林人帮忙，他终于帮我从拉加尔德高原弄到两对绿蝈蝈。那里是严寒地区，山毛榉现在正开始往旺杜峰长上去。

好运总是要先捉弄一番，然后才向着坚韧不拔者微笑的。去年久寻不见的绿蝈蝈，今夏已经几乎是随处可见了。我用不着走出我那狭小的园子，就能捉到它们，想要捉多少就有多少。每天晚上，我都听见它们在茂密的树林草窠中鸣叫。把握好这个好时机，机不可失，时不再来。

自六月起，我便把我所捉到的一对对绿蝈蝈关进一只金属网钟形罩中，下面是一只瓦罐，铺了一层沙子做底。这漂亮的昆虫简直棒极了，全身淡绿色，身体两侧有两条淡白色的饰带。它体形优美，身轻体健，一对罗纱大翅膀，是蝗虫科昆虫中最优雅而美丽的。我因捉到这样的一些俘虏而扬扬自得。它们将会告诉我些什么呀？等着瞧吧。眼下必须把它们喂养好。

我给这帮囚徒喂莴苣叶。它们果然在啃咬，但是吃得极少，而且不屑吃的样子。我很快就弄明白了：我养的是一些不太甘愿吃素的家伙。它们需要别的，看上去是想捕捉活食。但到底是哪种活食呢？一个偶然的机会让我知道了是什么。

破晓时分，我在门前溜达，突然旁边一棵梧桐树上掉下点什么东西，还吱吱地在叫。我赶忙跑上前去，是一只蝈蝈在掏空被它抓住的一只蝉的肚腹。蝉徒劳地鸣叫、挣扎，蝈蝈始终紧咬住不放，把脑袋深扎进蝉的内脏中，一小口一小口地撕拽出来。

我明白了：蝈蝈是一大早在树的高处趁蝉歇息时发动袭击的，受袭的被活活地开膛的蝉猛然一惊，随即进攻者和被袭者扭成一团跌落下来。那次以后，我曾多次看到这种相似的屠杀场面。

我甚至见到过胆量过人的蝈蝈蹿起追扑晕头转向乱飞逃命的蝉，犹如在高空中追逐云雀的苍鹰。与胆量过人的蝈蝈相比，猛禽略逊一筹。苍鹰是专攻比自己弱小的动物，而蝗虫类则相反，攻击比自己个头儿大得多、强壮得多的庞然大物，而这场个头儿相差许多的肉搏的结果是小个头儿必赢无疑。蝈蝈有极强的下颚和利爪，很少不把对手开膛破肚的，而后者因没有武器，只有哀号和挣扎的份儿了。

要紧的是要把猎物攥住，这倒不难，趁夜间猎物打盹儿的工夫下手即可。凡是被夜巡的凶猛的蝈蝈撞上的蝉都难免惨死。这就可以理解了，为什么夜阑人静、蝉声停叫之时，有时会突然听见树冠中传出吱吱的惨叫声。那是身着淡绿色衣服的强盗刚刚捉住一只入睡了的蝉。

我找到了我的食客们所需之食物了：我就用蝉来喂养它们。它们觉得这道菜非常合胃口，所以两三个星期的工夫，我那笼子里就一片狼藉，蝉脑袋、空胸壳、断翅膀、断肢碎爪，无处不在。只有肚子几乎整个儿地不见了。肚腹是块好肉，虽然营养成分不高，但看来味道很好。

确实，蝉腹中的嗉囊里积存着糖浆，那是蝉用自己的小钻从嫩树皮里汲出来的香甜液汁。难道是因为这种蜜饯，蝉的肚腹才成为猎人的首选？这很可能。

为了使食谱多样化，我还专门喂它们一些香甜的水

习性记录

攻击和捕食比自己个头儿大、强壮的昆虫，是以绿蝈蝈为代表的蝗虫类昆虫一个典型的生活习性。得天独厚的战斗武器——尖利的下颚和爪子，使其成为"屠杀"中的勇者、胜者。

修辞运用

这句话整体是一个设问句，答案前面的问句又是一个反问句。这两种修辞的嵌套使用更能引发读者对后文就这一内容展开介绍的兴趣。

果，比如梨片、葡萄、甜瓜片等。这些水果它们都很爱吃。绿蝈蝈就像英国人：它非常喜欢浇上果酱的牛排。也许这就是为什么它一抓住蝉，就要开膛破肚：肚子里装着裹着果酱的鲜美肉食。

并非在任何地方都可以吃到这种美味甜蝉的。在北方地区，绿蝈蝈遍地皆是，它们不可能找得到在我们这儿所热衷的这种美食。因此，它们大概还有别的吃食。

为了弄清楚这个问题，我给它们喂细毛鳃角金龟，这是一种夏季鳃角金龟，与春季鳃角金龟相同。这种鞘翅昆虫一扔进笼里，绿蝈蝈们便毫不迟疑地扑上去了，吃得只剩下鞘翅、脑袋和爪子。我又投进去漂亮而肉肥的松树鳃角金龟，结果也一样，第二天我发现它被那帮凶神恶煞之徒给开膛破肚了。

这些例子已足以证明蝈蝈是个嗜食昆虫者，尤其爱吃没有过硬甲胄保护的那些昆虫；这还证明它们特别喜欢肉食，但又像螳螂那样只吃自己捕获的猎物。这个蝉的刽子手还知道肉食热量太高，须用素食加以调剂。吃完肉喝完血之后，还要来点水果什么的，有时候，实在没有水果，来点草吃吃也是可以的。

然而，同类相残仍然存在。其实我还从未看到我笼中的飞蝗像螳螂那样的野蛮行径，后者经常拿自己的情敌开刀，吞食自己的情侣。不过，假若笼中的某个体弱的飞蝗倒下，幸存者们会像对待一般猎物那样毫不迟疑地扑上去的。它们并不是因为食物匮乏才以死去的同伴充饥，不管怎么说，凡是身有佩刀的昆虫都不同程度地有以伤残同伴为食的癖好。

习性记录

这种惨不忍睹的癖好读起来令人不可思议，不过，这也正是这类昆虫重要的生活习性之一。法布尔如实地记录和描述秉承的是严谨、严肃的科学态度。

除了这一点以外，我笼子里的飞蝗们倒是和平共处地生活着。它们彼此之间从未见有过狠打狠斗，顶多就是因食物而稍许争抢一番而已。我刚扔进笼子里一片梨，一只飞蝗便立即霸占了。因为怕别人来争抢，它就踢腿蹬脚，不让别人过来抢它的美食，自私自利无处不在。它吃饱了，就把位子让给别人，后者随即也霸道地占着梨片。笼中的食客就这么一个一个地飞去占上一番。吃饱喝足之后，大家便用大颚尖挠挠脚掌，用爪子蘸点唾沫擦擦额头和眼睛，然后用爪子抓住网纱或躺在沙地上，做沉思状，悠然自得地在消食。它们白天的大部分时间都在睡大觉，尤其是天气炎热时，更是如此。

到了日落西山、夜幕降临时，这帮家伙的劲头儿便上来了。九点钟光景，闹腾得最欢，忽而猛地冲上圆顶高处，忽而又兴冲冲地下来，一会儿再冲上去。大家吵嚷着来来去去，在环形道上跑跑跳跳，遇上好吃的便咬上两口，一刻也停不下来。

雄性绿蝈蝈待在一旁，用触须挑逗路过的雌性。未来的母亲们庄重严肃地踱着步，佩刀半抬着。对于那些猴急的狂热雄性来说，现在的大事就是交配，有经验者一看就知道它们想干什么。

这也是我所观察的主要内容。我的愿望得以满足，但并不是完全被满足，因为下面的好事拖得太晚，我没能看到最后一幕。最后的那一幕要拖到深夜或者凌晨。

我所看到的那一点点只局限于没完没了的序幕那一段。热恋的情侣面对面，几乎头碰头地用各自的柔软触角彼此触摸，互相试探。它们仿佛两个用花剑互击来互击去以示友好的对手。雄性不时地鸣叫几声，用琴弓拉上几下，便寂然无声，也许是因为过于激动而没继续拉下去。十一点了，求爱仍未结束。我实在是困得不行，颇为遗憾地撇下了这对情侣。

第二天早晨，雌性产卵管根部下方吊挂着一个奇特的玩意儿，是装着精子的口袋，宛如一只乳白色的小灯泡，大小如天平砝码，隐约地分成数量不多的长圆形囊泡。当雌性绿蝈蝈走动时，那小灯泡擦着地，粘上一些沙粒。然后，它拿这个受孕的小灯泡当作盛筵，慢慢地将其中的东西吸尽，再咬住干薄皮囊，久久地反复咀嚼，最后再全部吞咽下去。不到半天工夫，那乳白色的赘物消失了，连渣渣末末都被它美滋滋地吃光了。

这种令人难以想象的盛宴似乎是从外星球传入的，因为它与地球上的宴席习惯大相径庭。蝗虫科昆虫真是个奇特的世界，它们是陆地上最古老的动物中的一种，而且如同蜈蚣和头足纲昆虫一样，是古代习性沿用至今的一个代表。

本篇选自原著第六卷

大孔雀蝶

写作手法

这是对大孔雀蝶体貌特征的描写，先写它身上和翅膀上的色彩、线条，然后聚焦翅膀中央能够变幻色彩的圆形斑点，更加具体而生动地描写了大孔雀蝶的美丽。写作时，注意借鉴这种外貌描写的顺序和视角。

这是一个难忘的晚会，我把它称作大孔雀蝶晚会。谁不认识这美丽的蝴蝶？它是欧洲最大的蝴蝶，穿着栗色天鹅绒外衣，系着白色皮毛领带。翅膀上满是灰白相间的斑点，一条淡白色之字形线条穿过其间，线条周边呈烟灰白，翅膀中央有一个圆形斑点，宛如一只黑色的大眼睛，瞳仁中闪烁着黑色、白色、栗色、鸡冠花红色等呈彩虹状的变幻莫测的色彩。

它的体色模糊泛黄的毛虫同样美丽、好看。它那稀疏地环绕着一圈黑纤毛的体节末端，镶嵌着青绿色的珍珠。它那粗壮的褐色茧形状极其奇特，口部状如渔民的捕鱼篓，通常紧贴在老巴旦杏树根部的树皮上。这种树的树叶是其毛虫的美味食物。

五月六日那天早上，一只雌性大孔雀蝶在我面前的实验室桌子上破茧而出。它因孵化时的潮湿而浑身湿漉漉的，我立即用金属网罩把它罩了起来。我也是灵机一动才这么做的，因为我还没有针对它的特殊安排。我只是凭着观察者的简单习惯，把它关了起来，时刻密切注意可能会出现的情况。

我很有运气。晚上九点钟光景，全家人都躺下睡觉了，我隔壁房间乱糟糟的一阵响动。小保尔没怎么穿衣服，来回走动，又蹦又跳，踩脚踢物，弄翻椅子，简直像疯了似的。只听见他在喊我："快来呀！"他在大声喊叫，"快来看这些蝴蝶呀，像鸟儿一样大！房间里都飞满了！"

我赶忙奔过去。一看，怪不得孩子会那么兴奋，那么乱喊乱叫。那是从未发生过的"擅闯民宅"——巨大的蝴蝶入侵。有四只已经被抓住，关进了麻雀笼里，还有大量的蝴蝶在天花板上飞来飞去。

见此情景，我立刻想起了早晨被我关起来的那只雌性大孔雀蝶。"快穿上衣服，孩子，"我对儿子说，"把你的笼子放那儿，跟我走。咱们去看看稀罕玩意儿。"

我们再往下走，来到住宅右边我的实验室。在厨房时，我碰见保姆，她也被眼前发生的事弄得惊愕不已。她在用她的围裙驱赶一些大蝴蝶，一开始她还以为是蝙蝠呢。

看起来，大孔雀蝶已经差不多把我的住宅全部占据了。这肯定是那只被囚的雌性大孔雀蝶引来的，它周围的那方天地会成什么样儿呀！幸好，实验室的两扇窗户有一扇是开着的，道路通畅。

我们手里拿着一支蜡烛，冲进了房间。我们第一眼所见简直是终生难忘。一群大蝴蝶轻拍着翅膀，围着钟形罩飞舞，落在罩子上，忽而飞走，然后又飞回来，飞向天花板，继而又飞下来。它们扑向蜡烛，翅膀一扇，蜡烛灭了。它们又扑向我们的肩头，钩住我们的衣服，轻擦着我们的面孔。这屋子简直成了一个巫师招魂的秘窟，成群的"蝙蝠"在飞舞。为了壮胆，小保尔紧攥住我的手，比平时用力得多。

它们有多少只呢？将近二十来只。再加上误入厨房、孩子们的卧室和其他房间的，总数大概有四十只。我要说，这是一次难忘的晚会，一次大孔雀蝶的晚会。它们不知是如何得知消息的，从四面八方赶来。其实，那是四十来个情人，急不可耐地赶来向今晨在我实验室的神秘氛围中诞生的女子致意。

今天，我们就别再多打扰这一大群追求者了。蜡烛

这段文字极其生动，"轻拍、飞舞、落、飞走、飞回、飞向、飞下来、扑向、钩住、轻擦"这一连串动作，把成群大孔雀蝶在屋子里横冲直撞、无比兴奋的场景描写得栩栩如生。写作时，注意借鉴"多个动词连续使用"的方法，这种方法会让写作内容更具画面感、现场感，更加引人入胜。

的火焰伤着了这群来访者，它们冒冒失失地向火上扑去，烧着了身子。明天我将用一份事先拟定的实验问卷再来进行这项研究。

现在，我们先来整理一下思路，来谈谈我观察的这一个星期里所有情景中重复见到的情况。每次都发生在晚上八点到十点之间，蝴蝶们是一只一只飞来的。现在是暴风雨的天气，天空乌云翻滚，一片漆黑，花园里，露天地，树丛内，伸手不见五指。

对于这些到访者来说，除了漆黑的夜之外，住所也难以进入。房屋掩映在一些高大的梧桐树下；屋前像外前厅似的是一条两边长着厚厚的丁香和玫瑰树篱的甬道；屋前有松树和杉柏帷幕在抵挡凛冽的西北风的侵袭。大门不远处还有一道小灌木丛形成的壁垒。大孔雀蝶要赶到朝圣地就必须在漆黑的夜晚穿越这杂乱的树枝屏障，左冲右突，迂回前进。

在这样的情况下，猫头鹰都不敢离开它那油橄榄树的巢穴贸然闯入。而大孔雀蝶装备精良，长着多面的小光学眼睛，比大眼睛的猫头鹰技高一筹，敢于毫不迟疑地勇往直前，顺利通过，没有发生碰撞。它迂回曲折地飞行着，方向掌握得非常好，所以尽管越过了重重障

习性记录

反复出现的情景，通常就是生活的习惯和特性。这里提到的晚上、单只独自前往、漆黑的夜就是大孔雀蝶比较常见的出行时间和出行方式。

写作手法

这里将大孔雀蝶与"夜行侠"猫头鹰做对比，突出大孔雀蝶超强的视力。查阅资料，可以了解到：大孔雀蝶有复眼，复眼由几千只小眼组成，视力非常好。所以，在黑暗中，它们依然可以穿过重重障碍，飞行自如。如果选"最佳视力奖"，大孔雀蝶肯定榜上有名。

碍，抵达时仍精神抖擞，大翅膀没有丝毫的擦伤，完好无损。对于它来说，黑夜中的那点光亮已经足够了。

即使认为大孔雀蝶具有某些普通视网膜所没有的特殊视觉，那这种异乎寻常的视觉也不会是通知在远处的它飞来这里的东西。远隔着的距离和其间的遮挡物肯定使这种视觉起不了这么大的作用。

再说，除非有迷惑性的光的折射——这儿并不是这种情况——大孔雀蝶会直扑所见到的东西，因为光线的指引是非常准确的。不过，大孔雀蝶有时也会出错，但错的不是要走的大方向，而是引诱它前去的所发生事情的确切地点。我刚才说过，孩子们的卧室是在此时此刻到访者们的真正目的地——我的实验室的对面，在我们秉烛闯入之前，已经被一群蝴蝶占据了。它们肯定是因情急搞错了。厨房里也是一样，有一群满腹狐疑的蝴蝶，因为在厨房里有一盏灯，挺亮，对于夜间活动的昆虫来说是一种无法抗拒的诱惑，所以它们可能因此而迷了路。

我们只考虑黑暗的地方吧，在这种地方迷失方向者也不在少数，我在它们要前往的目的地附近几乎各处都发现了一些。因此，当被囚的雌性大孔雀蝶身陷我的实验室时，蝴蝶们并不是全从那个直接而可靠的通道——开着的窗户——飞进来的，那通道离钟形罩下的雌性大孔雀蝶只不过三四步远。有不少是从下面飞进来的，它们在前厅四处乱窜，顶多飞到了楼梯口，可那是一条死路，上面有一个门关着，是进不去的。

这些情况说明，赶来求爱的大孔雀蝶们并没有像普通光辐射告诉它们之后它们所做的那样（这些光辐射是我们的身体能感觉到或感觉不到的），直奔目标飞来。另有什么东西在远处告诉它们，把它们引到确切地点附近，然后让最终的发现物处于寻找和犹豫的模糊状态之中。我们通过听觉和味觉获得的信息差不多也是这种情况，当必须准确地弄清声音或气味的来处时，听觉或味觉是很不准确的。

发情期的大孔雀蝶夜间朝圣时究竟是靠什么样的信息器官呢？人们怀疑是它们的触角。雄性大孔雀蝶的触角似乎确实是用它们那宽阔的羽状薄翼在探测。这些美丽的羽饰只是一些普通的服饰呢，还是也起着一种引导求爱者找寻气味的作用呢？似乎不难进行一个带结论性的实验，咱们不妨来试一试。

入侵发生的翌日，我在实验室里找到了头天夜袭的访客中的八位。它们在关着的第二扇窗户的横档上盘踞着，一动不动。其他的大孔雀蝶在一番飞舞尽兴之后，于晚上十点钟光景从进来的那个通道，也就是日夜全敞开着的第一扇窗户飞走了。这八只坚韧不拔者正是我要做的实验所必需的。

我用小剪刀从根部剪掉大孔雀蝶的触角，但并未触及它们身体的其他部位。它们对这种手术没有什么反应，谁都没有动，只不过稍稍抖动了一下翅膀。手术非常成功：伤口似乎不怎么严重。被剪去触角的大孔雀蝶没有疼得乱飞乱舞，这对我的实验计划是最好不过了。一天结束了，它们一直静静地、一动不动地待在窗户的横档上。

余下要做的还有另外几项事情。特别是当被剪去触角的大孔雀蝶在夜间活动时，应给雌性大孔雀蝶换个地方，不让它待在求爱者们的眼皮底下，以保证研究的成果。因此，我把钟形罩和雌性大孔雀蝶搬了家，把它放在地上，在住宅另一边的门廊下，离我的实验室有五十来米。

夜幕降临，我最后一次查看了一下那八只动过手术的大孔雀蝶。有六只已经从敞开着的那扇窗户飞走了，还留下两只，但是已经摔在了地板上，我把它们翻过来，仰面朝天，它们都没有力气翻转身子了。它们已经精疲力竭，奄奄一息。可别责怪我的手术不好。即使我不用剪刀剪去它们的触角，它们照样会衰老垂危的。

那六只大孔雀蝶精力充沛，已经飞走了。它们还会飞回来寻找昨天引它们飞来的诱饵吗？它们没有了触角，还能找得到现在已经移往别处、离原先的地点挺远的那只钟形罩吗？

巧设悬念

法布尔总是能够在研究中，依据发现，提出新的问题，吸引读者与之共同观察、猜想

钟形罩放在黑暗之中，几乎是在露天地里。我时不时地拿着一只提灯和一个网跑过去看看。来访者被我捉住、辨认、分类，并立即在我关上了门的相邻一间屋子里放掉。这样做可以精确地计数，免得同一只蝴蝶被计算好几次。另外，这临时的囚室宽敞空荡，绝不会损伤被捉住的蝴蝶，它们在囚室里会觉得很安静，而且有很大的空间。在我以后的研究中，我也将采取类似的安全措施。

十点半钟，再没有到访者了，实验结束了。捉住的一共是二十五只雄性，只有一只是失去触角的。昨天被动过手术的那六只大孔雀蝶，身强力壮，得以飞出我的实验室，回到野外，其中只有一只回来寻找那只钟形

罩。如果必须肯定或者否定触角的导向作用，那我尚不敢信任这种收获不大的结果。让我们在更大的范围内再做一番实验吧。

第二天早上，我去查看头一天被捉住的俘虏们。我看到的情况并不振奋人心：有许多落在地上，几乎没有了生气。我把它们用手指夹住时，只有几只略微有点生命的气息。这些瘫痪了的囚徒还能有什么用处？咱们还是试一试吧。也许到了寻欢求爱的时刻，它们又会恢复生气呢。

有二十四只新来的接受了截去触角的手术，先前被剪去触角的那一只被剔除了，因为它差不多已奄奄一息了。最后，在这一天剩余的时间里，监狱的大门是敞开的，谁想飞走就飞走，谁想去赴盛大晚会就去参加吧。

为了让飞出去的大孔雀蝶接受实验，它们在门口必然会遇见的那只钟形罩又被我挪了地方。我把它放置在一楼对面那一侧的一个套间里，当然，这个房间进出是自由的。

这二十四只被剪去触角者中，只有十六只飞到了外面。有八只已经精疲力竭，不多久就会死在这儿。飞走的那十六只中，有多少只晚上会回来围着钟形罩飞舞呢？一只也没有。第二晚我只逮着七只，都是新飞来的，也都是羽饰完整的。这一结果似乎表明大孔雀蝶被剪去触角是较为严重的事。不过，我们还是先别忙着下结论：还有一个疑点，而且是很重要的疑点。

"瞧我这副德行吧！我还敢在别的狗面前露面吗？"刚被别人无情地割掉两只耳朵的小狗莫弗拉说。我的蝴蝶们会不会和小狗莫弗拉有同样的担忧？一旦失去美丽的装饰，它们就不再敢出现在其情敌面前向雌性示爱？这是它们的惶恐吗？是它们少了导向器的缘故吗？是不是因为久等而未能如愿所致，因为它们的狂热是短暂的？实验将解答我们的疑问。

第四天晚上，我捉到十四只蝴蝶，都是新来者，我逐个把它们关在一间房间里，它们将在里面过夜。第二天，我趁它们习惯于昼间歇息不动之机，把它们前胸的毛拔掉少许。拔去这么一点点毛对昆虫无伤大雅，因为这种丝质的下脚毛很容易长出来，所以不会伤及它们回到钟形罩前的时刻到来时所必需的器官的。对于这些被拔毛者这算不了什么，可对于我来说，这将是我识别谁来过、谁是新来者的重要标记。

这一次没有出现精疲力竭、无法飞舞者。入夜，

科学精神

不厌其烦地多次进行实验，以求结果的准确性，这就是法布尔不懈钻研、求真务实的科学精神。

十四只被拔毛者飞回野外去了。当然，钟形罩又挪了地方。两个小时里，我逮住二十只蝴蝶，其中只有两只是被拔过毛的。至于前天晚上被剪去触角的大孔雀蝶，一只也没有出现。它们的婚期结束，彻底结束了。

在有拔过毛标记的十四只中，只有两只飞回来了。其他的十二只虽然有着我们所推测的导向器，有着它们的触角羽饰，但为什么没有回来呢？另外，在囚禁了一夜之后，为什么总是有那么多被证实为体力不支者呢？对此我只有一个回答：大孔雀蝶被强烈的交尾欲望迅速消耗得精疲力竭。

大孔雀蝶为了结婚这个它生命的唯一目的，具备了一种奇妙的天赋。它能飞过长距离，穿过黑暗，越过障碍，发现自己的意中人。两三个晚上的时间里，它用几个小时去寻觅，去调情。如果不能遂愿，一切都完了：极其准确的罗盘失灵了，极其明亮的灯火熄灭了。那今后还活个什么劲儿呀！于是，它便缩到一个角落里，清心寡欲，长眠不醒，幻想破灭，苦难结束。

大孔雀蝶只是为了代代相传才作为蝴蝶生存的，它们对进食为何事一无所知。如果说其他蝴蝶是快乐的美食家，在花丛间飞来飞去，展开其吻管的螺旋形器官，插入甜蜜的花冠的话，那大孔雀蝶可是个没人可比的禁食者，完全不受其胃的驱使，不需要进食即可恢复体力。它的口腔器官只是徒具形式，是无用的装饰，而非货真价实、能够运转的工具。它的胃里从未进过一口食物：如果它不是活不长的话，这可是个绝妙的优点。灯若想不灭就必须给它添油。大孔雀蝶则拒绝添油，不过它也就因此而活不长。只两三个晚上，那正是配对交欢最起码的必需时间，一切结束后，大孔雀蝶就寿终正寝了。

那么，失去触角的大孔雀蝶一去不复返又是怎么回事呢？是否证明没有了触角，它们就无法再找到那只在等候它们的雌性大孔雀蝶呢？绝对不是。如同被拔掉毛身体受损却安然无恙的昆虫一样，它们也是在宣告自己的寿命已经终结了。它们无论被截肢还是身体完整者，现在皆因年岁大的缘故而派不上用场了，它们的存在与不存在已无意义。由于实验所必需的时间不够，我们未能了解到触角的作用。这种作用先前让人摸不着头脑，今后仍旧是一个疑团。

我因禁在钟形罩下的那只雌性大孔雀蝶存活了八天。它根据我的意愿，每晚在居住处的一隅或另一处，为我引来数目不等的一群造访者。我用网随到随捕，然后立即把它们关进封闭的房间，让它们过夜。第二天，它们起码要在喉部剪掉些羽毛，以做标记。

来访者的总数在这八天当中高达一百五十只，考虑到今后两年为了继续这项研究必需的资料，我所要费劲乏力地去寻找这种活物的话，这个数目可真让人瞠目结舌。大孔雀蝶的茧在我住所附近虽说并非找不到，但至少是十分罕见，因为其毛虫的栖息地老巴旦杏树并不太多。那两年的冬天，我对这些衰老的树全部——检查过，翻查到它们藏于一堆杂乱的木本植物中的树根，可我有多少次都是无功而返，空手而回呀！因此，我的那一百五十只大孔雀蝶是从远处，从很远的地方，也许是从方圆两公里以外或更远的地方飞来的。它们是如何获知我实验室里的情况而纷纷前来的呢？

有三个信息因子是易感性的决定条件：光线、声音和气味。大孔雀蝶从敞开的窗户飞进来之后，依靠视觉指引着它，仅此而已。但在进来之前，在外面那未知的环境中则不然！说大孔雀蝶具有猞猁那种穿墙视物的视觉是不足以说明问题的，还必须解释为什么它有一种敏锐的视觉，能够神奇地看见几公里之外的东西。这个问题太大、太难，咱们别去讨论了。

声音同样与此无关。胖胖的雌性大孔雀蝶虽能够从很远的地方招引来情人，但它是静默无语的，连最敏锐的耳朵也听不见它的声音。说它有春心萌动、激情颤抖，也许可以用高倍显微镜观察得到，严格地说，这是可能的。但是，我们不要忘了，到访者应该是在很远的距离之外，在数千米之外获得信息的。在这种情况下，我们就别去考虑声学的因素了，否则，就无宁静可言，周围一定是乱哄哄一片。

剩下的就是气味了。在感官范畴内，气味的散发比其他的东西可以说更能解释为什么蝴蝶们会稍作迟疑之后便纷纷前来追逐吸引它们的那个诱饵。是否确实有这么一种类似于我们称之为气味的散发物呢？这种散发物是极其难发觉的，是我们所感觉不到又能让比我们的嗅觉更敏锐的嗅觉感觉出来的。得做一个实验，这实验极其简单，就是把这些散发物掩藏起来，用气味更大、更浓烈而经久的一种气味压住它们，成为主导气味，这样一来，微弱的气味就几乎不存在了。

我事先在晚上雄性大孔雀蝶将被招来的那个屋子里撒了点樟脑。另外，在钟形罩下，在雌性大孔雀蝶旁边我也放了一只装满樟脑的宽大圆底器皿。大孔雀蝶来访的时刻来到时，只需待在房间门口就能闻到这股子樟脑味。我的巧计未能奏效。大孔雀蝶们像平时一样，如约而至。它们闯入房间，穿越那股浓烈的气味，像在没有气味的环境中一样，方向准确地向钟形罩飞去。

我对嗅觉能否起作用产生了疑惑。再说，我现在无法继续实验了。第九天，我的"女囚"因久等无果已精疲力竭，在钟形罩的金属纱网上死去了。没了雌性大孔雀蝶，我也就无事可做，只好等到明年再说。

这一次，我将采取一些预防措施，储备了充足的必需品，以便如我所愿地重复已经做过的和我考虑要做的实验。说干就干，不必拖延了。

夏日里，我以每只一个苏的价格买了一些大孔雀蝶毛虫。我的几个邻居小孩——我日常的供货者们——对这种交易十分起劲儿。每个星期四，他们在摆脱那令人生厌的动词变位的学习之后，便跑到田间地头，不时地会找到一条大毛虫，用小棍子尖端挑着给我送来。这帮可怜的小鬼不敢碰毛虫，当我像他们抓熟悉的蚕那样用手指捉住毛虫时，他们都吓呆了。

我用老巴旦杏树枝喂养我昆虫园中的大孔雀蝶毛虫，不几天便有了一些优等的茧。到了冬天，我在老巴且杏树根部一丝不苟地寻找，获得不少的成果，补足了我的收集物。一些对我的研究感兴趣的朋友跑来帮我。最后，通过精心喂养，四处搜寻，求人代捉，虽身上被荆条划得伤痕累累，我却有了不少的茧，其中有十二只较大较重的是雌性的。

失望一直在等待着我。五月来临，这是个气候变化无常的月份，把我的心血化为乌有，使我痛心疾首，愁苦不堪。说话间又到了冬季。寒风凛冽，吹掉了梧桐树的新叶，落满一地。这是天寒地冻的腊月，晚上必须生上旺火，穿上厚厚的冬衣。

我的大孔雀蝶也饱受煎熬。卵孵化得晚了，孵出来一些迟钝呆滞的家伙。在一只只钟形罩里，雌性大孔雀蝶根据出生先后，今天一只明天一只地住了进去，可是很少或者压根儿就没有外面飞过来探望的雄性大孔雀蝶。在附近倒是有一些，因为我收集的长着漂亮羽饰的实验用雄性大孔雀蝶，一旦孵化出来，辨认清楚之后便会被立即关进园子里。它们不管离得远的还是就在附近的，都很少飞过来，即使来了也是无精打采的。

也许低温对提供信息的气味散发物有很大的影响，而炎热则可能有利于气味的散发。我这一年的心血算是白费了。唉！这种实验真难呀，它受到季节变换的快慢和反复无常的制约！

我又开始进行第三次实验。我喂养毛虫，到田野里去寻找虫茧。到了五月，我已经收集了不少。季节很好，符合我的要求。我又见到了一开始导致我进行这种研究的那次令人振奋的大孔雀蝶的入侵的盛况。

每天晚上都有大孔雀蝶飞来，有时十一二只，有时二十多只。雌性大孔雀蝶肚腹鼓鼓的，紧贴在钟形罩的金属网上。它毫无反应，甚至连翅膀都没颤动一下。它好像对周围所发生的事情无动于衷。我家人中嗅觉最灵敏的也没有嗅出什么气味来；我家亲朋中被拉来做证的听觉最敏锐的也没听见任何响动。那只雌性大孔雀蝶一动不动地、屏息凝神地在等待着。

雄性大孔雀蝶三三两两地扑到钟形罩圆顶上，绕着飞来飞去，不停地用翅尖拍打着圆顶。它们之间没有因争风吃醋而发生打斗。每只雄性大孔雀蝶都在尽力地想闯入钟形罩，看不出对其他的献殷勤者有任何的嫉妒。徒劳地尝试一番之后，它们厌倦了，飞走了，混入正在飞舞着的蝶群中去。有几只绝望者从那扇敞开的窗户飞走了，一些新来者替代了它们。而在钟形罩的圆顶上，直到十点钟左右，不断地有蝴蝶尝试闯入，随即失望而去，随即又有新来者代替之。

钟形罩每天晚上都要挪挪地方。我把它放在北边或南边，放在楼下或二楼，放在住所右翼或左翼五十米开外，放在露天地里或一间僻静小屋的暗处。这一番神不知鬼不觉的搬来搬去，如果不知情者想找可能都找不着，却一点也没骗过蝴蝶们。我的时间与心思全白费了，没有迷惑住它们。

这里并不是对地点的记忆在起作用。譬如头一天晚上，那只雌性大孔雀蝶被放置在住所的某间房间里。羽饰美丽的雄性大孔雀蝶飞到那儿舞了两个小时，甚至还有一些在那儿过了一夜。第二天，日落时分，当我转移钟形罩时，雄性大孔雀蝶都在外边。尽管寿命转瞬即逝，但新来者仍有能力进行第二次、第三次的夜间远征。这些只能存活一日的家伙首先将飞往何处？

它们了解昨夜幽会的确切地点。我还以为它们将凭着记忆回到那儿去；而在那儿发现人去楼空时，它们将飞往别处继续追寻。但并不是这么回事：与我的期盼恰恰相反，根本就不是这样的。它们谁也没有再出现在昨晚一再光顾的地方，谁都没在那儿做过短暂逗留。此地已看出是没有人烟了，记忆似乎并没有事先向它们提供任何情报。一个比记忆更加可靠的向导把它们召唤去了另外的地方。

在此之前，雌性大孔雀蝶一直公开地待在金属网眼上。那些到访者在漆黑的夜晚目光仍是敏锐的，它们凭借那对我们而言简直如同漆黑一片的一点微光是能够看见那只雌性大孔雀蝶的。如果我把雌性大孔雀蝶关进不透明的玻璃罩中，那会出现什么情况呢？这种不透明的玻璃罩难道就不能让提供信息的气味自由散发或完全阻止它散发吗？

今天，物理学使我们能够发明利用电磁波的无线电报了。大孔雀蝶在这个方面是不是超越了我们？为了激跃周围的雄性大孔雀蝶，通知几公里以外的求爱者，刚刚孵化出来的适婚雌性大孔雀蝶难道已拥有已知的或未知的电波和磁波吗？这种电波、磁波难道会被某种屏障隔断而被另一种屏障放行吗？总而言之一句话，它是不是会按照自己的方法利用某种无线电呢？我觉得这并没有什么不可能的，昆虫是这种高级发明的强者。

于是，我把雌性大孔雀蝶放在不同材质的盒子里，有白铁的、木质的、硬纸壳的，都盖得严严实实，甚至

阅读方法

又是一连串猜想，此时，你可以逐一回应这些猜想，再继续阅读文本。这种更具代入感和参与感的阅读方式，会让法布尔传播的科学知识以及他身上的科学态度和精神，更好地被获得和学习。

还用油性胶泥给封上。我还用了一只玻璃钟形罩，摆放在一小块玻璃的绝缘柱上。

在这种严密封闭的条件下，没有飞来一只雄性大孔雀蝶，一只也没有，尽管晚上既凉爽又安静，环境宜人。无论是什么材质的——金属的，玻璃的，木质的还是硬纸壳的——密封盒，都使传递信息的气味无法散发出去。

一层两横指厚的棉花层产生了同样的效果。我把雌性大孔雀蝶放进一只很大的短颈大口瓶里，用棉花盖上瓶口，扎紧。这足可以使周围的雄性大孔雀蝶无法知晓我实验室的秘密了。一只雄性大孔雀蝶都没有露面。

反之，我们不把盒子密封，让它微微开着点，再把这些盒子放进一只抽屉里，装进大衣橱中。尽管这么藏了又藏，雄性大孔雀蝶仍然蜂拥而来，多得就像明显地把钟形罩放在一张桌子上时一样。雌性大孔雀蝶被放在帽盒里，裹进一只关好的壁橱等待着的那个晚上的情景至今仍历历在目。雄性大孔雀蝶们扑向壁橱门，用翅膀扑打着，啪啪连声，想闯进去。这些过路的朝圣者，也不知从何处飞过田野来到此处，它们非常清楚门后面藏着什么。

因此，任何类似无线电报的通信手段都让人无法接受，因为一道屏障无论是好导体还是坏导体，一经出现便立即阻断了雌性大孔雀蝶的信号。为了让信号畅通无阻，传得很远，必须具备一个条件：囚禁雌性大孔雀蝶的囚室不能关得严丝合缝，密不透风，要让内外空气相通。这又使我们回到了存在一种气味的可能性上，但那是经我用樟脑所做的实验给否定了的。

我的大孔雀蝶的茧业已告罄，但问题仍然没有弄清楚。我第四年还要继续搞下去吗？我放弃了，原因如下：如果我想跟踪观察一只大孔雀蝶夜间婚礼中的亲昵举动，那是颇为困难的。献殷勤的雄性为达到目的肯定是无须亮光的，但我那微弱视力，在夜间无亮光是看不见什么的。我起码得点上一支蜡烛，但又常常被飞舞的群蝶给扇灭了。提灯倒是可以免此烦恼，但是它光线昏暗，又会出现阴影，根本无法让你看得清清楚楚。

还不光是这一点。灯的亮光还会把蝴蝶从它们的目标引开，使之无法成其美事，照得太久，还会严重影响整个晚会的成功。来访者一飞进屋内，便疯狂地扑向火光，烧坏身上的绒毛，而且，从今以后因为被烧伤而惊慌失措，就无法用来取证了。如果它们没有被烧着，被隔在玻璃罩外面，落在火光旁边，便会像是被施了魔法似的，不再动弹。

一天晚上，雌性大孔雀蝶被放置在餐厅的一张桌子上，正对着敞开着的窗户。一盏煤油灯点着，灯上装有一个搪瓷的宽大灯罩，吊挂在天花板上。一些来访者落在钟形罩的圆顶上，在雌性大孔雀蝶面前表现出一副急不可耐的样子。另外的一些来访者，飞过雌性大孔雀蝶囚室时略微致意一番，便向煤油灯飞去，盘旋片刻之后，被搪瓷灯罩的反射光照得迷迷糊糊的，便贴在灯罩下面一动不动了。孩子们已经伸手要去捉它们了。"别动，"我说，"别动。别惊扰它们，别搅扰这些前来光明圣体龛朝圣的客人。"

整个晚上，它们都没有动弹过。第二天，它们仍留在原地，对亮光的迷恋使它们忘掉了对爱情的陶醉。

面对这样的一些迷恋亮光的家伙，精确而长久的实验是无法进行的，因为观察者需要照明。我放弃了对大孔雀蝶及其夜间婚礼的观察。我需要一只习性不同的蝴蝶，它得像大孔雀蝶一样勇敢地奔赴婚礼幽会，但又能在白天行房。

在用一只满足上述条件的蝴蝶进行研究之前，暂时先别顾及时间的先后次序，说几句我结束研究之前飞来的最后一只蝴蝶的事。那是一只小孔雀蝶。

别人不知从哪儿给我弄来一只很棒的茧，裹着一个宽大的白色丝套。从这个不规则的大褶皱的丝套中，很容易抽出一只外形似大孔雀蝶茧但体积要小一些的茧来。丝套端口用松散但又聚集的细枝结成网状，可出而不可进，我一眼便可看出那是一只夜间活动的大孔雀蝶的同类，因为丝套上有编织者的名号。

果然，三月末，圣枝主日那一天的清晨，那只茧孵出一只雌性小孔雀蝶，我立刻把它关进实验室的钟形金属网里。我打开房间的窗户，好让这件大事传布到田野中去，而且必须让可能前来的探访者自由进入房间。被囚的这只雌蝶贴在金属网纱上，一个星期都没再动一下。

我的雌性小孔雀蝶美丽极了，一身呈波纹状的褐色天鹅绒华服，上部翅膀尖端有胭脂红斑点，四只大眼睛，宛如同心月牙，黑色、白色、红色和赭石色混在一起。如果不是色泽那么发暗的话，几乎就是大孔雀蝶的装饰。这种体形和服饰如此华美的蝴蝶，我一生中只见到过三四次。我昨天见了茧，但从未见到过雄性蝶。我只是从书本上知道雄性比雌性要小一半，体色更加鲜艳，更加花枝招展，下部翅膀呈橘黄色。

我还不了解的陌生贵客——羽饰漂亮的雄蝶，它会飞来吗？在我们周围这一片似乎很少见到它。在它那遥远的藩篱墙中，它能得知那只适婚雌蝶在我实验室的桌子上正等待着它吗？我敢保证它会来的，而且我错不了的。瞧，它来了，甚至比我预料的还早到了。

晌午时分，我们正要吃午饭，因担心可能会出现的情况还没来用餐的小保尔，突然跑到饭桌前，面颊红彤彤的。只见一只漂亮的蝴蝶在他的指间扑扇着翅膀，它正在我实验室对面飞舞时，被小保尔一下子捉住了。小保尔递过来给我看，以目光询问我。

"哇！"我说，"正是我们等待着的朝圣者呀！先别吃了，赶快去看看是怎么回事。回头再吃吧！"

因奇迹的出现，我们把午饭都给忘了。雄性小孔雀蝶令人难以置信地按时被雌性小孔雀蝶给神奇地召唤来了。它们艰难曲折地飞翔，终于一只接一只地飞来了，都是从北边飞过来的。这个情况很有价值。的确，乍暖还寒已经一个星期了。北风呼啸，吹落了老巴旦杏树新绽开的花蕾。这是一场凶猛的风暴，通常在我们这里是预示着春天不远了。今天，气候突然转暖，但北风依然在呼啸着。

在这段时间陡变的天气中，飞来找那只雌性小孔雀蝶的所有雄性小孔雀蝶都是从北边飞到我的拘蝶园中的。它们是顺着气流飞的，没有一只是逆流而来的。如果它们有与我们相似的嗅觉作为罗盘，如果它们是受分解于空气中的有味道的微粒指引的，那它们就应该是从相反的方向飞来才对。如果它们是从南边飞来的，我们就会认为它们是闻到风吹来的气味才找到地方的；在北风呼啸，空气吹净，什么味道也闻不到的天气里，从北边飞来，怎么可能假定它们在很远的地方就嗅到了我们所说的气味呢？我觉得有气味的分子不可能会顶着强风传给它们。

两个小时中，在阳光灿烂之下，来访的雄性小孔雀蝶们在我的实验室门前飞来飞去。其中大部分都在一个劲儿地寻来觅去，或撞墙欲入，或掠地而过。见它们如此犹豫不决，我想它们是因找不到引它们飞来的那个诱饵的确切位置而十分着急。它们从老远飞来，没有弄错方向，可到了地方又拿不准确切地点了。不过，它们迟早会飞进屋内去向雌性小孔雀蝶致意的，但也不会恋战。下午两点钟时，一切便结束了，一共飞来了十只雄小孔雀蝶。

整整一个星期，每当中午时分，阳光极其明亮时，一些雄小孔雀蝶便会飞来，但数量在减少，前后加起来一共将近有四十只。我觉得无须重复实验了，因为不会给我已知的情况再添加点资料了，所以我只是在注意两个情况。

首先，小孔雀蝶是昼间活动的，也就是说它们是在光天化日之下举行婚礼的。它们需要充足明亮的阳光，而与它成虫的形态和毛虫的技艺相近的大孔雀蝶则完全相反，需要日暮天黑之后。这种相反的习性谁有本事解释清楚谁就去解释吧。

写作手法

《昆虫记》中有不少留白的内容，此处就是一例。法布尔给热爱昆虫研究的读者留下一个问题：为什么小孔雀蝶长大后，不再喜欢充足明亮的阳光了呢？阅读的时候，请多多关注作者的这些留白，这是打开昆虫研究的一扇窗。

其次，一股强气流从相反方向吹散能够给嗅觉提供信息的分子，但不会像我们的物理学所假设的那样，阻止小孔雀蝶飞抵有气味的气流的相反的一面。

为了继续研究，我们需要的是夜间举行婚礼的大孔雀蝶，而不是小孔雀蝶。后者出现得太晚了，而我并没有再研究它。我需要的是大孔雀蝶，不管是什么样的，只要它在婚庆时行房敏捷能干即可。这种大孔雀蝶，我能获得吗？

本篇选自原著第七卷

豌豆象

写作手法

本文的主角是豌豆象，开篇却先从豌豆写起，引发读者思考：豌豆象长得像豌豆，还是喜欢吃豌豆？人类对豌豆果实质量的追求，与豌豆象有什么关系？……开篇引人入胜，这种写作手法值得借鉴。

人一向对豌豆有很高的评价。自远古时起，人通过越来越专业的精耕细作，细心管理，想尽办法让豌豆结的果实更大、更嫩、更甜美。这种作物很善解人意，遂人心愿，终于满足了园丁的奢望，提供了他们想要的东西。我们今天离瓦罗和科吕麦拉们有多么遥远啊！我们尤其是离第一个也许是用岩穴熊的半颌骨（因为颌骨上的牙齿如同铧犁）扒划土地以便种下这种野生果实的人有多么遥远啊！

这种豌豆始祖的植物究竟在野生植物世界中的什么地方呀？我们所在的各个地区都没有类似的这种植物。在别的地方能找得到它吗？在这一点上，植物学缄默不语或含糊其词。

瓦罗（前116—前27）：古罗马学者，讽刺作家。著有涉及各学科的著作六百二十卷，其中包括《论农业》。

另外，对于大多数可食用的植物，人们同样是一无所知。向我们提供面包的备受颂扬的小麦来自何处？没人知晓。我们除了精耕细作之外，就别再费劲乏力地在这儿寻根溯源了，也别到外国去探究来龙去脉了。在东方这片农业诞生之地，采集植物标本者从未在没被犁铧翻耕过的土地上见到过这种独自繁衍生长的圣麦穗。

同样，对于黑麦、大麦、燕麦、萝卜、小红萝卜头、甜菜、胡萝卜、笋瓜以及其他许多作物，我们也不甚了解。我们不知道它们原产于何地，顶多也就是根据几百年来的以讹传讹的说法去加以猜测罢了。大自然在把它们交付给我们时，它们饱含着野生的生命力和不太高的营养价值，如同大自然今天把桑葚和灌木丛的黑刺李提供给我们一样，它们是处于一种吝于施舍的粗胚状态，我们得通过辛勤劳动和才智使它们的果实饱含养分。这是我们投入的第一笔资本，这资本通过耕耘者的出色劳作在那特殊的银行里不断地翻本增息。

谷物和豆类植物作为储存食物，大部分是人工生产的。其初始状态极不发达的那些改良对象，我们是照原样从大自然的宝库中提取的。经过改良的品种向我们提供大量的食物，这是我们的技术创造的成果。

如果说小麦、豌豆以及其他的作物对我们来说是不可或缺的，那么我们的精心照料作为正当回报对于它们来说也是绝不可少的。这些植物在生命的激烈搏斗中没有抵抗能力，是我们的需求使它们在成长发育，如果我们弃之不顾，任其自生自灭，尽管它们的种子无以计数，但也会很快灭种的，如同愚蠢的绵羊，没有精心圈养放牧，很快就会消失的。

它们是我们创造的产物，但并非总是我们所专有的财产。在食物大量积存的任何地方，都有大批的食客从四面八方奔来，不管不顾地大快朵颐，食物愈丰盛，食客来得愈多。唯有人能够促进农业的发展，进而成为各方食客蜂拥而至的盛宴的操办者。人在创造更加美味、更加丰盛的食物的同时，无可奈何地也把千千万万的饥肠辘辘者招引到粮仓谷堆中来，它们的利齿尖牙令人无以为抗。人生产得越多，上贡得也越多，大规模的耕作，大量的作物，大量的积存，肥了我们的竞争者——虫子。

这是事物固有的规律。大自然以同样的热情向所有的婴儿提供乳汁，既喂养生产者也喂养剥削他人财富者。大自然为我们这些辛勤耕耘、播种和收获并因此而累得筋疲力尽的人在使小麦成熟的同时，也在为小象虫们让麦子成熟。这种小象虫不在田间劳作，却在我们谷仓里安家落户，用它那尖嘴在麦垛里一粒一粒地嚼食麦粒，把麦子都吃成麸子了。

大自然为我们这些因翻地、锄草、浇灌而累得腰酸背疼、日晒雨淋的人催促豆荚快快饱满，也为小象虫在让豆荚赶快成熟。豌豆象对田园劳作一窍不通，但照旧在春回大地的时刻，按时从收获物中提取自己的那一份。

让我们好好瞧瞧豌豆象这个税务官是如何卖力地干活儿的。我是个主动纳税者，我任由豌豆象自由行事：我正是为了它才在我的荒石园中播种了几垄它所偏爱的植物种子。除了这不多几垄的豌豆以外，我没有任何别的可召唤豌豆象的东西，但它五月里便按时前来了。它知道在这个不适宜辟作菜园的荒石园里，头一次有豌豆在开花。这位昆虫税务官急匆匆地奔来履行自己的职责了。

它从何处而来？这可是无法说准确的。它应是来自某个隐蔽之所，在那儿呈僵直状态地度过了寒冬腊月。盛夏酷暑自己脱皮的法国梧桐，用它那微微翘起的木栓

修辞运用

荒石园第一次有豌豆开花，就被豌豆象敏锐地察觉、捕捉到。"急匆匆奔来"用拟人的手法把豌豆象急切赶来食豌豆的情态写得活灵活现，"履行职责"体现出它觉得食豌豆是理所应当、无可厚非的

质皮片为无家可归的虫子提供避难之所。我经常在这种冬季避难所里看见我们的豌豆象。只要寒风凛冽，严冬肆虐，豌豆象就躲在法国梧桐微翘的枯皮下，或者用别的方法以求躲过劫难，直到和煦的阳光初抚它几下，它便苏醒过来。这是它的生物钟在通知它。它们像园丁一样，知道豌豆的花期，于是，它们便几乎从各个地方，迈着细碎的快步，心急火燎地向着它们所钟爱的植物奔来。

小头，大嘴，身着缀有褐色斑点的灰衣裳，长有扁平鞘翅，尾根有两个大黑痣，身材矮粗，这就是我的访客的大致模样。五月的上半月刚过，豌豆象的尖兵已到。

它们在长有蝴蝶般白翅膀的花上安营扎寨：我看见有一些居于花的旗瓣上，另有一些则藏于龙骨瓣的小盒子里。还有一些数量较多，盘于花序中吮吸着，产卵时刻尚未到来。早晨天气温和，太阳虽明亮，却不晒人。这是明媚阳光下举行婚配、开心享受的美妙时刻。它们在此刻享受着生活的乐趣。有一些在成双配对，但立刻又分开了，随后又聚在一起。将近晌午时分，烈日当空，男男女女都退避到花褶的阴处。这种阴凉的地方它们非常熟悉。明天，它们又要开始寻欢作乐，后天依然乐此不疲，直到一天天鼓胀起来的豌豆果实撑破龙骨瓣的小盒子为止。

有几只比其他更着急的豌豆象产妇，把卵托付给了新生豆荚，而后者扁平而细小，刚刚才褪掉花蒂。这些匆忙产下的卵也许是因卵巢已无法等待而被迫如此的，我觉得它们的处境极其危险。豌豆象的幼虫将安于其中的种子，此时此刻还只是个脆弱的细粒，既无韧性又无粉质堆。除非豌豆象幼虫颇有耐心，能扛到果实成熟，否则在那儿就找不到吃的。

但是，幼虫一旦孵化出来，它能够长时期不吃不喝吗？这令人怀疑。我所看见过的一些幼虫表明，新生儿一出来便忙着要吃的，如果没有吃的，便会死去。因此，我认为在尚未成熟的豆荚上产下的卵是必死无疑的。但种族的兴旺繁衍并不会受到多大的影响，因为豌豆象妈妈是多产的。我们一会儿就会看到豌豆象妈妈是如何满地下种，而其中大部分都注定是要夭折的。

五月末，当豌豆荚在籽粒的促动下变得多节，达到或接近成熟的时候，豌豆象妈妈的重任也就完成了。我急切地盼望着能看到豌豆象是如何以我们昆虫分类学所给予它的象虫科昆虫的身份工作的。其他的象虫是一些带嘴象、带喙象，它们配备有一根尖头桩，用它来修筑产卵的窝巢。而豌豆象则只要一个短喙，在吸食点甜汁方面非常有用，但论起钻探来则是毫无用处。

因此，豌豆象安顿家小的方法是不同的。它不像橡栗象、熊背菊花象、黑刺李象等那样做一些细致灵巧的准备工作。豌豆象妈妈没有配备钻头，所以只好把卵产在露天里，没有任何保护以防风吹日晒雨打。它这么做简直是太简单方便了，但这是风险极大的，除非卵有特殊体质，能抗御酷热严寒、干燥潮湿。

上午十点，阳光和煦，豌豆象妈妈步伐急促，忽大步忽小步，从上到下，又从下到上，从正面到反面，又从反面到正面地把自己选中的豌豆荚看个遍。它不时地把一根细小的输卵管伸出来，左探探右触触，像是要划破豆荚的表皮似的。然后产下一个卵，随即便弃之不顾了。

豌豆象妈妈的输卵管就这么在豌豆荚的绿皮上左点一下右点一下的，就算完事了。卵就留在那儿，没有任何保护，任凭太阳暴晒。在帮助未来的幼虫，使之在必须自己进入食橱时缩短寻觅时间方面，豌豆象妈妈没有任何考虑，没有想到为孩子找个合适的地方。有的卵产在被豌豆种子鼓胀起来的豆荚上，有的则下在像贫瘠小山谷似的豆荚隔膜内。在豆荚上的卵几乎与食物直接接触着，而豆荚隔膜内的卵则离食物较远。以后就靠幼虫自己去辨别方向，寻找食物了。总之，豌豆象这种无序产卵让人想到粗放式播种。

更严重的是：产在同一个豆荚上的卵与豆荚内的豌豆粒不成比例。首先我们得知道，一个幼虫就得有一粒豌豆，这是必需的定量，这一定量对一个幼虫来说是富足有余，但是好几个幼虫同时消受，哪怕只是两个幼虫，那也很勉强了。每个幼虫一粒豌豆，不要多也不能少，这是永远不变的规定。

这就要求豌豆象妈妈产卵时必须探知豆荚内的含豆量，限制自己的产卵数。但是豌豆象妈妈根本就不理会这种限制。对一个定量，豌豆象妈妈总是产下许多的小宝宝。

我所有的统计在这一点上都是一致的。在一个豆荚上产下的卵总是超过，而且常常是大大地超过可食的豌豆粒的数量。无论粮食多么瘪，上面都有大量的卵。我把豆粒和卵的数量分别数了数，发现一粒豆子上总有五

从"虫性"观"人性"

豌豆象妈妈真是个粗心的妈妈！产卵的时候，它不考虑生下的宝宝是否有充足的食物，如果哪个宝宝生在了干瘪的豆荚上，也就注定了悲剧，这样的场景让人揪心。作者对豌豆象不计后果的行为，百思不解，忧心忡忡。生活中，像豌豆象妈妈一样"心大"的妈妈同样存在，我们总是能从昆虫世界里找到人类世界的影子。

到八个卵，有时甚至有十个，而且看不出豌豆象妈妈不会在一个豆荚上产下更多的卵来。真是僧多粥少！在一个豆荚上下这么多的卵干什么？它们肯定要被逐出宴席的呀！

豌豆象卵呈琥珀黄色，挺鲜艳，圆柱状，很光滑，两头圆圆的。它长不过一毫米。每个卵都用凝固的蛋清细纤维网黏附在豆荚上。无论是风还是雨都吹不掉，打不下来。

豌豆象妈妈产卵常常是成对的，一个卵在上另一个在下，而往往是上面的那个卵得以孵化，而下面的那个则干瘪而死。为了孵化出来不死，需要什么呢？也许是需要阳光的沐浴，而下面的卵正好被上面的遮挡着，没有了这种温暖孵育。或者是由于不合适的挡板遮挡的影响，或者是由于其他什么原因，反正孪生卵中的先产下者很少得到正常的发育，在豆荚上干瘪，没有出世便灭于无形了。

这种夭折也有例外的时候，有时候，成对的卵两个都发育良好，但这种情况实属罕见，所以如果总这么成对地产卵，豌豆象的家庭成员差不多要减少一半。有一项不利于我们的豆荚却有利于象虫科昆虫的临时措施可以减少这种毁灭：大部分的卵都是一只一只地产下的，而且是独自待在一处。

新近孵化的标记是一条弯弯曲曲的苍白或淡白色小带子，它在卵壳附近翘起，撑破豆荚的表皮。这是幼虫的产物，是皮下通道，幼虫在其中蠕动，寻找钻入点。找到这个钻入点之后，身长刚刚一毫米、全身苍白、头戴黑帽的幼虫便在豆荚上钻孔，钻入豆荚宽敞的肚腹中。

它爬到豆粒处，在最近的那颗豆粒上安顿下来。我用放大镜观察它，同时观察它的豌豆地球——它的世界。它在豌豆球面上垂直地挖出一个井坑。我曾看见过一些幼虫半个身子下到井坑中去，后半身则在井坑外边蹬踢加力。一会儿工夫，幼虫便不见了，钻进了自个儿的家中。

入口很小，但一眼就能认得出来，因为它在豌豆淡绿色或金黄色的衬托下呈褐色。入口没有固定的位置，总的说来，除了在豌豆的下半部以外，在豌豆表面的任何地方都可以钻洞，因为下半部的顶端是悬韧带的肥硕之处。

豌豆的胚胎就在这个部分，可它却没受到幼虫的损害，并且发育成为胚芽，尽管豆粒上面被豌豆象成虫钻了个大窟窿。为什么这个部位完好无损呢？是什么原因使之免遭幼虫的侵害的呢？

豌豆象肯定不是在关心园丁的利益。豌豆是为它而生，只为它而生。它之所以不去咬那几口使种子死亡，目的并非是减轻灾害。它克制自己是有其他一些原因的。

请注意，豌豆是一粒一粒相互紧贴在一起的，寻找下嘴部位的幼虫在豆粒上行走并不自如。还应注意，豌豆的下端因肚脐的瘿瘤而变厚，钻孔就很困难，而在只有表皮保护的其他部分就没有这种困难。甚至也许在肚脐这一特殊部位有一些特别的液汁是幼虫所讨厌的。

毫无疑问，这就是豌豆既被豌豆象蚕食却又照样能够发芽的秘密之所在。豌豆虽破损，但并未死亡，因为入侵是针对空着的上半部，那是既容易钻入又无伤大雅的区域。另外，由于整粒豌豆对于单独一个消费者来说是绰绰有余的，而受害部分只是这个消费者所喜爱的部分，但又不是豌豆生命攸关的部位。

在其他的一些条件下，在种子个头儿太小或非常大的情况下，我们可能会看到大不相同的情况。在种子个头儿太小的情况下，由于幼虫吃不着什么，不够塞牙缝的，胚芽就一块儿被吃掉了；在种子个头儿非常大的情况下，食物丰盛，可以招待多个食客。如果豌豆象偏爱的豌豆短缺，它就退而求其次，去吃野豌豆和马蚕豆，这两种植物也向我们提供了类似证据。野豌豆颗粒小，被吃得只剩下一层皮，根本无望发芽生长；马蚕豆个头儿大，尽管其上有豌豆象的多间住屋，但照样能破土发芽。

我们已知豆荚上的虫卵数量总是大大多于荚内豆粒的数量，我们也知道每个被占有的豆粒是一只幼虫的私有财产，那就要问，多余的那些幼虫是什么下场呢？当最早成熟的幼虫一个个在豆荚食橱里占好位置时，多余的那些幼虫是不是在外面死去了？它们是否被先行占领阵地的幼虫无情地咬死了？都不是。情况是这样的。

就在此刻，在豌豆象成虫钻出来时留下了一个大圆孔的老豌豆上，用放大镜可以辨别出一些棕红色的斑点，数量有所不同，斑点中央都有钻孔。我数过，每粒豌豆上有五六个甚至更多的钻孔。那么这些斑点又是什么呢？我不会弄错的：有多少钻孔就有多少个幼虫。有好几个幼虫钻进了一个豆粒中，但能存活的、长大长肥、变为成虫的却只有一个。那么其他的呢？我们马上来看看。

五月末和六月是产卵期，豌豆仍然又嫩又绿。几乎所有被幼虫侵入的豆粒都向我们展示出许多斑点，我们已经从豌豆象遗弃的那些干豌豆上看到这种现象了。这是不是好些幼虫聚在一起的标记呢？没错。我们把所说的那些豆粒，把子叶分开，必要时再加以细分。我们将好几个蜷在豆粒内的很小的幼虫暴露出来。

聚在一起的这些幼虫似乎相安无事，幸福安详。邻里间和睦相处，互不相争。进餐开始，食物丰盛，就餐者被子叶尚未被触动的部分所形成的隔膜分开着，各自待在自己的小间里，不会互相争斗，没有任何用无意的触碰或有意的寻衅引发的大动干戈。对所有的占有者来说，所有权相同，胃口相同，力量相同。那么共同享用同一个豆粒的情况将如何结束呢？

我把一些被认为有豌豆象居民的豌豆剖开之后放在玻璃试管里，每天再剖开另一些，通过这种办法了解到共居一处的豌豆象的生长发育状况。一开始并无任何特别的情况。每只幼虫独自在狭小的窝里，嚼食自己周边的食物。它省俭着吃，不吵不闹。它还太小，稍微吃一点点食物就饱了。然而，一粒豌豆无法供养这么多幼虫吃到长大为止。饥饿有可能发生，除了一只以外，其余的都得死去。

事情确实很快就发生了变化。幼虫中居于豆粒中心位置的那一只发育得比其他的幼虫要快。当它稍稍比自己的竞争对手们个头儿大一点点时，后者便都停止进食，克制着自己不再往前探索食物。它们一动不动，听天由命；它们就如此静静地死去了。它们消失了，溶解了，灭亡了。这些可怜的牺牲者是那么小！从此，那粒豌豆整个儿地属于那个唯一的幸存者了，在这个享有特权者的身边，其他的一个个地死去了，到底是怎么回事呢？我没有确凿的答案，只能提出一种猜测。

豌豆的中央比其他地方更多地受到太阳光合作用的抚爱，那儿会不会有一种婴儿食物，一种更适合豌豆象幼虫那娇弱的胃的松软食物呢？在豌豆的中央，幼虫的胃也许受到一种松软、味美、甜甜的食物的滋养，变得强壮，能够消化一些难以消化的食物。婴儿在吃流质、吃大人吃的面包之前，吃的是奶。豌豆的中心部分会不会就像是豌豆象妈妈的乳汁？

豌豆粒的所有占据者雄心相同，权利相等，所以都往最美味的部分爬去。行程充满艰辛，临时的栖身之所反复出现，以便休息。在期盼更好的食物的同时，它们凑合着吃点自己身边已成熟了的食物，它们更多的是用牙来为自己开辟通道而非进食。

最后，那个掘进方向正确的掘土工便抵达了豆粒中心的乳制品厂。于是，它便在那儿安顿下来，而一切便已成为定局：其他的幼虫只有死路一条。其他的幼虫是如何得知中心部位已被占据了的呢？它们听到自己的那位同胞在用大颚敲击其小屋的墙壁了吗？它们老远地就感觉到有啃啮的动静了吗？大概出现过某种类似的情况，因为自这时起，它们就不再往前探路了。迟到的幼虫们没有去与幸运的优胜者拼抢，没有去试图将它赶走，而是自己选择了死亡。我很喜爱太晚赶到的幼虫们的那种纯朴的忍让精神。

另有一个条件，空间的条件，在这件事中起着作用。在我们的那些豆象中，豌豆象是个头儿最大的。当它到了成年时，它就需要一种较宽敞的居所，而其他的那些豆象成年时并无这种要求。一粒豌豆可以为豌豆象提供很宽敞的一个居所，但是要住两个人就不行了，因为即使紧挨着也不够宽。这样一来，就必须毫不留情地精减人数，所以在一粒被侵入的豌豆里，除了一只幼虫以外，其他的竞争者一个不剩地被清除了。

而蚕豆则不同，它几乎像豌豆一样深受豌豆象的喜爱，但它可以接纳好些个豌豆象同时下榻一家旅馆。刚才所说的那种独居者在蚕豆这儿就成了共居者。蚕豆地方宽敞，可住下五六只甚至更多的幼虫而又互不侵犯邻居的领地。

另外，每只幼虫都有最初几日的松软蛋糕在自己的嘴边，也就是说远离表面、硬化缓慢、味道保存得很好的那一层。这内里的一层是面包心，其余的则是面包皮。

在豌豆中，这松软的一层位于中心部分，是豌豆象幼虫必须到达的很小的一个点，到不了那儿，就必死无疑；而在蚕豆这块大圆面包里，这个内层覆盖着两片扁平的豆瓣。如果在这硕大的豆粒上随处吃上一口的话，每只幼虫只需在自己面前往下钻，很快就能钻到想吃到的食物。

这样的话会出现什么情况呢？我统计了一下固定在一个蚕豆荚上的虫卵，又数了一下豆荚里的蚕豆粒，两相比较，我便得知按五六只幼虫计算，这只蚕豆荚有足够的空间容纳全部家庭成员。这就不存在几乎从卵中孵出之后便死去的多余者了；人人都有一份丰盛的食物，个个都能家兴人旺。食物的丰富保证了这种粗放式的产卵方法。

如果豌豆象始终都是以蚕豆作为自己全家的住所的话，我就很清楚它为什么在同一个豆荚上产下那么多的卵了：食物丰盛，又容易吃到，所以便能招引豌豆象产下大量的卵来。而豌豆就让我困惑不解了，是什么原因促使豌豆象妈妈昏头昏脑地把孩子生在缺粮的地方，活活地饿死呢？为什么有那么多食客围着只坐一人的餐桌呢？

在生命的进程中事情可不是这么发展的。某种预见性在调节着卵巢，使之根据食物的多寡产下自己的卵。金龟子、泥蜂、葬尸虫以及其他为孩子们储备食品罐头的妈妈，都是严格控制自己的生育的，因为它们面包铺里的松软面包，它们一筐筐的野味肉，它们埋尸坑中的腐肉块等是通过艰辛劳动获得的，而且数量不多。

相反，肉上的绿头苍蝇则成包成包地堆积它的卵。它深信尸肉是取之不尽的财富，所以便在其上大量下蛆，根本不在乎下了多少。另外，昆虫要狡诈地抢掠食

科学态度

作者在解开一连串谜团之后，继续产生新的疑问，而后，进行新一轮猜想、观察。科学研究就是需要这样的精神，值得我们学习借鉴。

物，经常会导致死亡事故的发生，因此昆虫妈妈也就用大量产卵的办法来抵消意外死亡的损失，以保持均衡。芫菁科昆虫就是属于这种情况，它常在极其危险的情况下抢劫他人财物，因此它的繁殖能力就极强。

豌豆象既不了解被迫减少家庭人口的劳作者之艰辛，也不清楚被迫大量增加家庭成员的寄生者的苦难。它自由自在，不费劲乏力地去寻找，只是在明媚的阳光下在自己所偏爱的植物上溜来荡去，便给自己的每个孩子留下了足够财物。它是做得到的，还疯婆子似的想让超量的孩子生在一个豌豆荚上，致使多数孩子饿死在这间营养不足的哺乳室里。这种愚蠢的做法我不甚理解：它与昆虫妈妈的母性本能的固有的远见卓识背道而驰。

因此我倾向于认为，在世上的财富分享中，豌豆并非豌豆象初期所取得的那一份，可能是蚕豆才对，因为一粒蚕豆就能够供养半打甚至更多的食客。种子个头儿大，昆虫产卵与可食食物之间明显的不协调也就不复存在了。

另外，毋庸置疑，在我们园中种植的各种豆类中，蚕豆是历史最悠久的。它个头儿特别大，而且口感特别好，肯定自古以来就引起了人类的注意。对于饥饿

写作方法

这篇文章以豌豆种植等与农业相关的内容开头，这段内容呼应了开头，使行文更加紧凑，内容更加完整，起到加深印象、引发共鸣等作用

的种族来说，它是现成的，很有营养价值的食物。因此，人们急不可耐地在自己宅旁园地里大量地种植它，这就是农业的开始。

中亚地区的移民用他们那长满胡须的牛拉着的牛车，一站一站地长途跋涉，给我们的蛮荒地区首先带来了蚕豆，然后把豌豆，最后把防止饥荒的谷物也带来了。他们还给我们带来了牛群羊群；他们让我们了解青铜，那是最早的制作工具的金属。就这样，在我们这里文明的曙光就出现了。

这些古代的先驱在给我们带来蚕豆的同时是否不知不觉地把今天与我们争夺豆类植物的昆虫也给带来了呢？这种怀疑不无道理。豌豆象似乎是豆类植物的原住民，至少我发现它就曾对当地的许多豆科植物在征收贡税。它尤其是在树林里的山黧豆上大量繁殖，因为山黧豆有一串串花朵和长长的、美丽的豆荚。山黧豆的籽粒个头儿不大，大大小于我们的豌豆粒。但是，它的籽粒皮软，幼虫能吃，所以每粒籽粒都足以让其居住者长大长胖。

也请大家注意，山黧豆的豆粒数量很多。我曾数过，每个豆荚内含有二十来颗豆粒，这是豌豆即使产量最高时也达不到的数字。因此，无太多渣滓的优质山黧豆一般可以供养下在其豆荚上的昆虫家庭。

如果树林中的山黧豆突然缺乏了，豌豆象便会转往一种味道相同的植物，但这种植物的豆荚又无法喂养其全部幼虫，例如，在野豌豆上或人工种植的豌豆上产卵。在食物不丰富的豆荚上产下的卵也不少，因为起源时期的植物或因种类繁多，或因籽粒个头儿大，可以提供丰富的食物。如果豌豆象真的是外来者，它初始阶段的食物假定为蚕豆；如果豌豆象是原住民，那就假定它的初始食物为山黧豆。

古老岁月中的某一天，豌豆到了我们这里。它起先是在史前的那个小园子里收获的。人们发现它优于蚕豆，后者在为人做出那么多贡献之后让位于豌豆了，象虫也做出同样的选择。象虫虽未完全撇弃蚕豆和山黧豆，却把自己的大本营建立在一个世纪一个世纪以来逐渐广泛种植的豌豆上。今天，我们得与豌豆象共享豌豆：豌豆象是提取它中意的一份之后把剩下的一份留给了我们。

我们产品的丰富和优质所产生的儿女——昆虫的这种繁衍兴旺，从另一方面来看却是衰败没落。对于象虫来说如同对我们来说一样，食物方面的进步，并不总是完美的。省吃俭用，种族则更得益，食不厌精。豌豆象在蚕豆和山黧豆这种粗糙食物上建立了婴儿低死亡率的移民地。在它们上面，人人都有吃饭的地方。而在精美食品——豌豆上，大部分食客则因饥饿身亡。豌豆上，份额不够，食客却多。

我们不必在这个问题上过多地耽搁时间了。我们来看看由于兄弟姐妹都死去而成为唯一的主人的豌豆象幼虫吧。它在这种大死亡中毫发未损，是机遇帮了它的忙，仅此而已。在豌豆粒中央这个丰润的僻静处，它干起了自己的唯一的本行——吃。它先吃自己周边的食物，继而扩大范围，只见它的肚子越来越鼓，它的窝在变大，但随即被大肚子填满。它身轻体健，丰满迷人，透着健康的风采。如果我撩拨它，它便在自己的宅子里懒散地打着转儿，头还轻轻地点着。这是它讨厌我打扰的一种反应。我们让它安静，别打扰它了。

它发育得又快又好，以致酷暑来临时，它已经在忙着即将到来的外出了。豌豆象成虫没有配备足够的工具为自己在豌豆中打开一条通道钻出去，因为豌豆此时已经完全变硬了。幼虫知道自己将来的这种无奈，便早有所预见，用一种绝妙的技艺摆脱困境。它用自己有力的颌钻出一个安全门，圆圆的，四壁十分光洁。我们用最好的雕琢象牙的刀具也干不到这么好。

事先准备好逃跑的天窗还不够，必须很好考虑蛹干细致活儿时所需要的宁静。擅闯民宅者会从开着的天窗溜进来，进而损伤毫无防卫能力的蛹。所以这个天窗必须关上。怎么关呢？窍门在这儿。

幼虫在钻逃逸的出口时，啃食面粉状物质，连一点渣渣都不剩。待钻至豆粒表皮时，它便突然停下。这层表皮是一层半透明的薄膜，是幼虫变态用的凹室的防护屏，以防外来的不法之徒进入其间。

这也是成虫迁居时将遇到的唯一的障碍。为了使这道屏障易于脱落，幼虫曾在里层细心地围绕着盖子刻画出一道阻力不大的沟槽。发育成成虫后，只需用肩膀一顶，用额头稍稍一撞，圆盖就微微顶起，像木锅盖似的掉了下来。出洞口穿过豌豆那半透明的表皮展露出来，宛如一个宽大的环状斑点，因室内阴暗而不很明亮。下面发生的事因为隐没于类似毛玻璃的下面，所以看不清楚。

这种舷窗盖构思真巧妙，既是抵挡入侵者的堡垒，又是豌豆象成虫在适当时机用肩膀一顶即开的活门。我们将会因此向豌豆象表示敬意吗？这灵巧的昆虫会想出这么个高招，思考出一个计划，进而一步一步地付诸实行吗？象虫的小脑袋有这本事可是了不得。在下结论之前，我们还是先进行一下实验吧。

我把被豌豆象幼虫占据的那些豌豆的表皮剥掉，再把这些豌豆放在玻璃试管里，免得它们过快地变干。幼虫在其中同在没有剥去表皮的豌豆里一样发育良好，到时候便开始准备出屋。

如果幼虫矿工是由自己的灵感所指引的话，如果那被不时地仔细检查的顶板已被认为很单薄而不再继续挖它的通道的话，那么在现在的这种条件之下，会发生什么情况呢？幼虫感觉到自己已经贴近表面，将停止钻探；它将不会损坏无表皮的豌豆最后的那一层，从而获得了不可或缺的保护屏。

类似的情况并没有出现。井坑在充分挖掘：出口在外面张开，如同表皮仍在保护着豌豆似的一样宽大，一样精雕细琢。安全的原因一点也没有改变幼虫的习惯劳作。敌人能够进入这间来去自由的小屋，幼虫对此并不担心。

当它没有把有表皮的豌豆钻透时，它也没有更多地想到这个。它之所以突然停下来，是因为没有面粉的薄膜不合它的胃口。我们不也是把那些并无营养价值的豌豆皮从豌豆泥中弄出去吗？因为豌豆皮并没有什么用。看上去，豌豆象幼虫同我们一样：它讨厌豌豆粒上那层如羊皮纸似的咬不动的表皮。它到了表皮那儿便驻足不前了，知道那玩意儿不好吃。从这种厌恶的心情中却产生出一个小小的奇迹。昆虫没有逻辑。它被动地听从一种高级逻辑。它只是听从，而并未意识到自己的技艺，它的这种无意识如同可结晶物质有条不紊地聚集其大量原子一般。

八月，或稍早些或稍晚些，一些黑斑在豌豆上出现，每粒上始终都是一个，毫无例外，这就是出口舱。九月，其中绝大部分都会打开。好像是钻孔器钻出的舱门盖整齐划一地分离，落在地上，住屋的出入口便畅通无阻了。豌豆象以最终的形态衣着光鲜地爬了出来。

季节很美好，经雨水浇灌的花朵盛开。从豌豆上来的移民在秋天的欢悦中前来探花。然后，寒冬来临，移民们便纷纷寻找避难所躲藏起来。其他的一些与这些移民数量相当，并不急于离开出生的豆粒。整个寒冬腊月，它们滞留在出生的豆粒里，躲在不敢触动的保护屏下面，一动不动。小屋的门只待酷暑回来时才在铰链上，也就是说在抵抗力较弱的沟槽上发挥作用。到那时，迟到的幼虫才大搬家，与先期到达者们会合，待豌豆开花时节，共同准备干活儿。

写作手法

这段话中运用了对比和反讽的手法。法布尔饶有兴趣、全神贯注地在昆虫们活蹦乱跳的情况下进行研究，而非很多人那样"对昆虫开膛破肚"，他对那样的"研究"表示轻蔑、鄙视；"远胜于"充满讽刺意味，表达了对那些"功利主义研究者"的蔑视、不屑与不满。

从方方面面去观察昆虫无穷无尽、变化多端的本能表现，对于观察者来说是观察昆虫世界的最大乐趣，因为没有任何东西比这更能展现生命中的种种事物那奇妙的配合了。我知道，这么去了解昆虫学，并非人人都赞赏；人们对一心扑在昆虫的一举一动的这个天真汉是嗤之以鼻的。对于急功近利的功利主义者来说，一小把没被豌豆象糟蹋的豌豆远胜于一大堆没有直接利益的观察报告。

缺乏信仰的人呀，谁告诉你今天没用的东西明天就不是有用的？了解了昆虫的习性，我们将能更好地保护我们的财富。如果我们轻蔑这种不注重功利的观念，可能会追悔莫及的。正是通过这种或立即可以付诸实践的或不能立即付诸实践的观念的积累，人类才会而且继续会变得越来越好，今天比从前好，将来比现在好。如果说我们需要豌豆象与我们争夺的豌豆和蚕豆，那我们也需要知识，因为知识如同巨大而坚硬的和面缸，进步就在其中揉拌，发酵。思想观念同蚕豆一样地重要。

思想观念还特别告诉我们说："贩卖谷物者无须费心劳神地去与豌豆象进行斗争。当豌豆运到谷仓时，损失已经造成，无法弥补，但这种损失是不会扩展的。完好无损的豌豆丝毫不用担心与受损害的豌豆为邻，无论它们混居一起多久。豌豆象到时候会从这些受损害的豌豆中出来；如果有可能逃走，它们会从粮仓中飞走的。如果情况相反，它们会死去而不对完好无损的豌豆造成丝毫的损害。在我们食用的干豌豆上从来没有豌豆象卵，从来没有新的一代豌豆象出现。同样，从来未见豌豆象成虫所造成的损害。"

我们的豌豆象并非定居于粮仓之中，它们需要新鲜空气、阳光、田野的自由。它们吃得不多，蔬菜中硬的部分它们是绝对不吃的。对于它们那细小的嘴来说，在花间吮吸几口蜜汁就足够了。另外，幼虫需要的是正在豆荚里发育成长的绿色豌豆这松软的面包。正是由于这些原因，粮仓中没有碰到开始时进入其中的豌豆象卵发育成长之后又在繁殖下一代的现象。

灾害的根子在田野里。在与这种昆虫进行斗争时如

深刻的哲思

由豌豆和蚕豆联想到知识，又把知识比喻成和面缸，最后得出"思想观念同蚕豆一样地重要"的结论。这句话充满哲思，既是法布尔对科学研究者使命的深刻思考，也是对"功利主义研究者"的警示与劝诫。

果我们不总是束手无策的话，就特别应该在田野上监视豌豆象的为非作歹。豌豆象数量惊人，个头儿又小，且极其狡猾，所以很难消灭，因此，它对我们人的愤怒不屑一顾。园丁又叫又骂，象虫则无动于衷。它仍旧一如既往地继续干它那收税官的行当。幸好，有一些助手前来帮我们的忙，它们比我们更有耐心，更加卓有成效。

八月的第一个星期，当成熟的豌豆象开始搬迁时，我看到了一种很小的小蜂，它是豌豆的保卫者。我看见它在我的那些作培育用的短颈大口瓶里，大量地从象虫那儿出来。雌性小蜂头和胸呈棕红色，肚腹黑色，并带有长长的螺钻。雄性小蜂个头儿稍小一些，一身的黑衣裳。雌雄两性都有泛红的爪子和丝状触角。

为了钻出豌豆，豌豆象的歼灭者自己在豌豆象为最终解脱而在豌豆表皮上雕刻出的天窗圆封盖上开启一扇小天窗。被吞食者为其吞食者铺平了出去的道路。看到这一细节，其余的就不难猜测了。

当豌豆象幼虫变化的最初阶段结束时，当出口已经钻通时，小蜂急匆匆地突然而至。它仔细检查还长在茎上的豆荚中的豌豆；它用触角探来探去；它发现了表皮上的薄弱部位。于是，它便竖起它的探测尖桩，插进豆

科学知识

豌豆象在精雕细琢出口的时候，怎么也没有想到，这为敌人提供了歼灭自己的通路。动植物的世界就是这样弱肉强食，如果没有小蜂前来捕食豌豆象，豌豆的下场会更加惨不忍睹。这里向我们展现了又一组食物链，阅读科普作品时，可以多多留心积累这样的科学知识。

荚，在豆粒的薄薄的封盖上钻孔。象虫的幼虫或者蛹，无论躲在豆粒多深的部位，小蜂的长尖桩都能触到。小蜂在象虫的幼虫或蛹上产下一只卵，便大功告成了。象虫现在还处于半睡眠状态或者呈蛹状，所以不可能进行反抗，所以这个胖娃娃将被吸干，直到只剩下一个皮囊。

真遗憾，我们不能随心所欲地帮助这种热情的歼灭者大量繁殖！唉！这就是令人大失所望的恶性循环，我们无法放开手脚，因为如果想有许多的豌豆的探测者——小蜂来帮忙，首先就得有大量的豌豆象。

深刻的哲思

地球上动植物的生态平衡发展必须依靠这样的食物链，在"歼灭者"之外，还有其他的"歼灭者"，如此，大自然才能拥有健康的肌体。

本篇选自原著第八卷

金步甲的婚俗

众所周知,金步甲是毛虫的天敌,所以无愧于它那
园丁的称号。它是菜园和花坛里机警的田野卫士。如果
说我的研究在这方面不能为它那久负盛名的美誉增添点
什么的话,至少我可以从下面的介绍中向大家展示这种
昆虫尚未为人所知的一面。它是个凶狠的吞食者,是所
有力不及它的昆虫的恶魔,但它也会惨遭灭顶之灾。是
谁把它吃掉的呢?是它自己以及其他许多昆虫。

有一天,我在我家门前的梧桐树下看见一只金步甲
着急忙慌地爬过。朝圣者是受人欢迎的,它将使笼中居
民增强团结。我把它抓住后,发现它的鞘翅末端受到损
伤。是争风吃醋留下的伤痕吗?我看不出有任何这方面
的迹象,要紧的是它可不能伤得很厉害。我仔细地查验
一番,看不见什么伤残,可以大加利用,便把它放进玻
璃屋中,与二十五只常住居民为伴。

第二天，我去查看这个新寄宿者。它死了。头天夜里，同室居民攻击了它，那残缺的鞘翅没能护好肚腹，被对方给掏空了。破腹手术干净利落，没有伤及一点肢体。爪子、脑袋、胸部，全部完好无损，只是肚子被大开了膛，内脏被掏个精光。我眼前所见的是一副金色贝壳架，由双鞘翅合拢护着，对照一下被掏空软体组织的牡蛎，也没有它这么干净。

　　这种结果颇令我惊诧，因为我一向很注意查看，不让笼子里缺少吃食。蜗牛、鳃角金龟、螳螂、蚯蚓、毛虫以及其他可口的菜肴，我是换着花样地放进笼中，菜量充足有余。我的那些金步甲把一个盔甲受损、容易攻击的同胞给吞吃掉，是无法以饥饿所致作为借口的。

　　它们中间是否约定俗成，伤者必须被结果，其要变质的内脏必须被掏空？昆虫之间是没有什么怜悯可言的。面对一个绝望挣扎的受伤者，同类中没有谁会驻足不前，没有谁会试图前去帮它一把。在食肉者之间事情可能变得更加悲惨。有时候，一些过往者会奔向伤残者。是为了安慰它吗？绝对不是，它们是为了去品尝它的味道，而且，如果它们觉得其味鲜美，则会把它吞吃掉，以彻底解除它的痛苦。

科学精神

　　看到某种现象后进行猜想和假设，再通过实验验证，这是法布尔严谨、求实的科学态度的充分体现，每一篇作品都体现了这一点。

当时，有可能是那只鞘翅受损的金步甲暴露了它受伤的地方，同伴们受到了诱惑，视这个受伤的同胞为一只可以开膛破肚的猎物。但是，假如先前并没有谁受伤，那它们之间是否会相互尊重呢？从种种迹象来看，一开始，相互间的关系还是相安无事的。吃食时，金步甲们之间也从未开过战，顶多是相互从嘴中夺食而已。它们在木板下躲着睡午觉，而且睡得很长，也没见有过打斗。我那二十五只金步甲把身子半埋在凉爽的土中，安静地在消食，打盹儿，彼此相距不远，各睡各的小坑。如果我把遮阴板拿掉，它们立刻被惊醒，纷纷四下逃窜，不时地相互碰撞，却不干仗。

平静祥和的气氛很浓，似乎会永远这么持续下去，可是，六月，天刚开始热时，我查看时发现有一只金步甲死了。它没有被肢解，同金色贝壳一模一样，如同之前被吞食的那只伤残者的样子，使人想到一只被掏干净的牡蛎。我仔细查看了残骸，除了腹部开了个大洞，其他地方完好无损。

不几天，又有一只金步甲被害，同先前死的一样，护甲全部完好无损。把死者腹部朝下放好，它似乎好好的；而让它背冲下的话，它便是一只空壳，壳内没有一点肉了。稍后不久，又发现一具残骸，然后是一只又一只，越来越多，以致笼中居民迅速减少。如果继续这么残杀下去的话，那我笼子里很快就什么也没有了。

我的金步甲们是因年老体衰，自然死亡，幸存者们是瓜分死者尸体呢，还是牺牲好端端的"人"以减少"人口"呢？想弄个水落石出并非易事，因为开膛破肚的事是在夜间进行的。但是，因我时刻警惕着，终于在大白天撞见过两次这种大开膛。

将近六月中旬，我亲眼看见一只雌金步甲在折腾一只雄金步甲。后者体形稍小，一看便知是只雄的。手术开始了。雌性攻击者微微掀起雄金步甲的鞘翅末端，从背后咬住受害者的肚腹末端。它拼命地又拽又咬。受害者精力充沛，却不反抗，也不翻转身来。它只是尽力在往相反的方向挣扎，以摆脱攻击者那可怕的齿钩，只见它被攻击者拖得忽而进、忽而退的，未见其他任何抵抗。搏斗持续了一刻钟。几只过路的金步甲突然而至，停下脚步，好像在想："马上该我上场了。"最后，那只雄金步甲使出浑身力气挣脱开来，逃之夭夭。可以肯定，如果它没能挣脱掉的话，那它肯定就被那只凶残的雌金步甲开了膛了。

几天过后，我又看到一个相似的场面，结局却是完满的，仍旧是一只雌性金步甲从背后咬一只雄性金步甲。被咬者没做什么抵抗，只是徒劳地在挣扎，以求摆脱。最后，皮开肉裂，伤口扩大，内脏被悍妇拽出吞食。

那悍妇把头扎进同伴的肚子里，把它掏成个空壳。可怜的受害者爪子一阵颤动，表明小命休矣。刽子手并未因此心软，继续尽可能地往腹部深深掏挖。死者剩下的只是合抱成小吊篮状的鞘翅和仍旧连在一起的上半身，其他一无所剩，被掏得干干净净的空壳便撇在原地。

金步甲们大概就是这样死去的，而且死的总是雄性，我在笼子里不时地看见它们的残骸，幸存者大概也将是这般死法。从六月中旬到八月一日，开始时的二十五个居民骤减至五只雌性金步甲了。二十只雄性全被开膛破肚，掏个干干净净。被谁杀死的？看样子是雌金步甲所为。

首先，我有幸亲眼所见，可以为证。我两次在大白天看见雌金步甲把雄的在鞘翅下开膛后吃掉，或至少试图开膛而未遂。至于其他的残杀，如果说我没有亲眼所见的话，却有一个非常有力的证据。大家刚才都看见了：被抓住的雄金步甲没有反抗，没有进行自卫，只是拼命地挣扎、逃跑。

如果这只是日常所见的对手之间的寻常打斗，那么被攻击者显然是会转过身来的，因为它完全有可能这么做。它只要身子一转，便可回敬攻击者，以牙还牙。它身强力壮，可以搏斗，定能占到上风，可这傻瓜却任凭对手肆无忌惮地咬自己的屁股。似乎是一种难以压制的厌恶在阻止它转守为攻，也去咬一咬正在咬自己的雌金步甲。这种宽厚令人想起朗格多克蝎，每当婚礼结束，雄蝎便任由其新娘吞食而不去动用自己的武器——那根能致伤恶妇的毒螯针。这种宽容也让我回想起那个雌螳螂的情人，即使有时被咬得剩一截了，仍不遗余力地在继续自己那未竟之业，终于被一口一口地吃掉而未做任何的反抗。这就是婚俗使然，雄性对此不得有任何怨言。

我喂养在笼子里的金步甲中的雄性，一个一个地被开膛破肚，一个不剩，这也是在告诉我们那同样的习性。它们是已经对交尾感到满足的雌性伴侣的牺牲品。从四月至八月的四个月里，每天都有雌雄配对，有时是浅尝辄止，比较经常的是有效的结合。对于这些火辣辣性格的金步甲来说，这绝对是没有终结的。

金步甲在情爱方面是快捷利索的，迅即就交配完毕，双方立即分开，各自跑去吃蜗牛，然后又各自另觅新欢，重结良缘，只要有雄金步甲可资利用即可。对于金步甲来说，生活的真谛即在于此。

在我养的金步甲园地里，雌雄比例失调，五只雌的对二十只雄的。但这并不要紧，没有什么争风吃醋的拼搏。我本想让雌雄比例趋于合理的，但纯属偶然而非有意才造成这种比例失调的。初春时节，我在附近石头下捕捉遇上的所有的金步甲，分不清是公是母，仅从外部特征去看雌雄难辨。后来，在笼子里喂养之后，我知道了，雌性明显地要比雄性大一些。所以说，我那金步甲园地里的雌雄比例严重失调实属偶然所致。可以相信，在自然条件下，不会出现雄性比雌性多这么多的情况。

再说，在自由状态之中，不会见到这么多金步甲聚在一块石头下面。金步甲几乎是孤独地生活着，很少看见两三只聚在同一个住所里。我的笼子里一下子聚着这么多实属例外，还没有导致纷争。玻璃屋中场地挺大，足够它们爬来爬去，自由自在，优哉游哉。谁想独处就可以独处，谁想找伴儿马上就能找到伴儿。

再说，囚禁生活似乎并不怎么让它们感觉厌烦，从它们不停地大吃大嚼，每日一再地寻欢交尾就可以看得出来。在野地里倒是自由，却没这么受用，也许还不如在笼子里，因为野地里食物没有笼子里那么丰盛。在舒适方面，囚徒们也是身处正常状态，完全满足了它们的日常习俗。

只不过在这里同类相遇的机会比在野地里多。这也许对雌性来说是个绝妙的机会，它们可以迫害它们不再想要的雄性，可以咬雄性的屁股，掏光它们的内脏。这种猎杀自己旧爱的情况因相互比邻而居而加剧了，但是肯定没有因此就花样翻新，因为这种习性并非是一时兴起所造就的。

交尾一完，雌金步甲便把对方当成猎物，将它嚼碎，以结束婚姻。我在野地里翻动过不少石头，可从未见到过这种场景，但这并没有关系，我笼子里的情况就足以让我对此深信不疑了。金步甲的世界是多么残忍呀，雌性金步甲一旦卵巢中有了孕便把雄性金步甲吃掉！生殖法规拿雄性当成什么？竟然如此残害它们？

这类相爱之后同类相食现象是不是很普遍？目前来

说，我已经知晓有三类昆虫是这种情况：螳螂、朗格多克蝎和金步甲。在飞蝗这个种族中，情况没有这么残忍，因为被吃掉的雄性是死了的而非活着的。白额雌螽斯很喜欢一点一点地嚼其已死的雄性的大腿。绿蝈蝈也是这种情况。

在一定程度上，这里面有个饮食习惯的问题：首先白额螽斯和绿蝈蝈都是食肉的。遇见一个同类尸体，雌虫总是多少要吃上几口的，不管它是不是其昨夜情郎。猎物就是猎物，没有什么情郎不情郎的。

可是素食者又是怎么回事呢？接近产卵期时，雌性距螽竟冲着它那尚活蹦乱跳的雄性伴侣下手，剖开后者的肚子，大吃一通，直至吃饱为止。一向温情可爱的雌性蟋蟀性格会突然变得暴戾，会把刚刚还给它弹奏动情的小夜曲的雄性蟋蟀打翻在地，撕扯其翅膀，打碎它的小提琴，甚至还对小提琴手咬上几口。因此，很有可能这种雌性在交尾之后对雄性大开杀戒的情况是很常见的，特别是在食肉昆虫中间。这种残忍的习性到底是什么原因促使的呢？如果条件允许的话，我一定要把它弄个一清二楚。

写作手法

这里又是一处内容留白。金步甲的世界充满血腥与杀戮，这种置对方于死地的残忍行为，一定有其背后的原因。法布尔没有告诉读者，需要我们查阅相关资料，解开这个谜团，让这篇科普作品的阅读"增值"

本篇选自原著第十卷

田野地头的蟋蟀

谁想观看蟋蟀产卵都用不着做什么准备工作，只要有点耐心就行。布丰[1]说，耐心是一种天赋，我却谦虚地称之为观察者的优秀品质。四月，最迟五月，我们给它们配对，单独放在花盆里，放一层土，压实。食物只是一片莴苣叶，要常常换上新鲜的。花盆上盖上一块玻璃，以防它们跳出来跑掉。

这种装置简单有效，必要时还可以加一个金属网罩，那就更加高级了，这样我们就可以获得一些极其有趣的资料了。我们以后再谈这些，眼下，我们要盯着看它产卵，必须时刻警惕着，不让有利时机溜掉。

我持之以恒的观察有了初步满意的结果是在六月的第一个星期。我突然发现母蟋蟀一动不动，输卵管垂直

词语鉴赏

法布尔的科学研究始终是伴随着昆虫自然、真实的生活进行的。这段文字中的"垂直插入、久久待在、拔出、抹掉、歇息、溜达"等一系列动作，生动地呈现了母蟋蟀产卵的过程。这个真实场景能够得以文字再现，是与法布尔长时间、一丝不苟、目不转睛地观察分不开的。这种为了科学研究专注投入的态度，值得敬佩和学习。

---

[1] 布丰（1707—1788）：法国博物学家、作家、进化思想的先驱者，著有《自然史》。

地插入土层。它并不在意我这个冒失的观察者，久久地待在那同一个点上。最后，它拔出输卵管，漫不经心地把那小孔洞的痕迹给抹掉，歇息片刻，溜达了一会儿，随即便在其花盆内它的地界里继续产卵。它像白额螽斯一样重复干着，但动作要慢得多。二十四小时之后，产卵似乎结束了。为了保险起见，我又继续观察了两天。

于是，我翻动花盆的土。卵呈淡黄色，两端圆圆的，长约三毫米。卵一个一个地垂直排列在土里，每次产卵的数目不等，有多有少，相互靠紧在一起。我在整个花盆的两厘米深的土里都发现了卵。我用放大镜勉为其难地尽量数清土里的卵，我估计一只母蟋蟀一次产卵五六百个。这么多的卵肯定不久就会被大大地淘汰的。

蟋蟀卵真像是个绝妙的小机械。孵出后，卵壳似一只不透明的白筒子，顶端有一个十分规则的圆孔，圆孔边缘是一个圆帽，作为孔盖用。圆帽并非由新生儿随意顶开或钻破，而是中间有一条特别线条，闭合不紧，可自动启开。看卵孵出会挺有趣的。

卵产下之后大约半个月，前端出现两个又大又圆的黑黄点，那是蟋蟀的眼睛。在这两个圆点稍高处，在圆筒子的顶端，出现一条细小的环状肉。卵壳将从这儿裂

修辞运用

把蟋蟀卵比喻成"小机械"颇具想象力，后面具体描写了"小机械"的构成和运转过程，这种形象的表达对于读者了解卵孵出来的过程很有帮助

开。很快，半透明的卵就能让我们看到婴儿那孵化中的小样儿。这时候就必须倍加小心，增加观察次数，尤其是早晨。

幸运垂青耐心的人，我的孜孜不倦终于有了报偿。稍稍隆起的肉在不停地变化着，出现了一拱就破的一条细线。卵的顶端被其中婴儿的额头顶着，顺着那条细肉线抻着，像小香水瓶一样微微启开，分落两旁，蟋蟀便像小魔鬼似的从这个魔盒中钻出来了。

小魔鬼出来之后，壳还鼓胀着，光滑而完整，呈纯白色，圆帽挂在孔口。鸟蛋是由雏鸟喙上专门长着的一个硬肉瘤撞破的；蟋蟀的卵则是一个高级小机械，犹如一只象牙盒子似的自动启开。小蟋蟀额头一顶，铰链就启动，壳就张开了。

小蟋蟀一脱掉身上的那件精细外套，浑身发灰，几近白色，立刻便与上面压着的土搏斗开来。它用大颚拱土，蹬踢着，把松软的碍事的土扒拉到身后去。它终于钻出土层，沐浴着灿烂的阳光，但它如此瘦小，不比一只跳蚤大，在弱肉强食的世界里经历风险。二十四个小时，它体色变化，成为一只漂亮的小黑蟋蟀，乌黑的颜色可与成年蟋蟀一争高下。原先的灰白色只剩下一条白带围着胸前，宛如牵着婴孩学步的背带。

它十分敏捷，用它那颤动着的长触须在探查周围空间；它奔跑，蹦跳，开心得很，以后体态发胖就没这么欢蹦乱跳了。它年幼胃嫩，该给它吃些什么呢？我全然不知。我像喂成年蟋蟀一样，拿嫩莴苣叶喂它。它不屑吃它，或者也许是吃了点而我没看出来，因为它咬的印迹不明显。

不几天工夫，我的十对蟋蟀大家庭成了我的一大负担。一下子就是五六千只小蟋蟀，当然是一群漂亮的小家伙，可需要如何照料它们我却一无所知，这叫我如何是好。

啊，我可爱的小家伙们，我将给予你们充分的自由，我将把你们托付给大自然这个至高无上的教育者。

我就这么办了。我找到花园里最好的一些地方，把它们这儿那儿地放生一些。如果它们一个个都活得很好，明年我的门前会有多么美妙动听的音乐会呀！但是，这美景并未出现，可能不会有什么美妙动听的音乐会了，因为母蟋蟀虽然大量产卵，但随之而来的是凶残的杀戮，幸存下来的很可能只有几对蟋蟀。

首先奔来抢掠这天赐美味、大开杀戒的是小灰壁虎和蚂蚁。尤其是蚂蚁这个可恶的强徒恐怕不会在我的花园里给我留下一只蟋蟀。它抓住可怜的小家伙们，咬破它们的肚皮，疯狂地大嚼一通。

啊！该死的恶虫！可我们一直把它视为一流的昆虫呢！书本上在赞扬，对它还赞不绝口；博物学家们把它们捧上了天，每天都在为它们锦上添花；动物界同人类一样，让自己威声远扬的办法有千万种，但最可靠的办法则是损人利己，这是千真万确的道理。

从"虫性"观"人性"

表面是对昆虫界"恶虫"的讽刺，仔细品读，也是作者对人类中存在的损人利己行为的批判。透过虫性，悟出人性，反思人性，这些同样是我们需要深刻思考的。

谁都不了解弥足珍贵的清洁工食粪虫和埋葬虫，可吸血的蚊虫，长毒刺的、凶狠好斗的黄蜂以及专干坏事的蚂蚁却无人不知、无人不晓。在南方的村子里，蚂蚁毁坏房屋椽子的热情如同它们掏空一棵无花果树一样。我不用赘述，每个人都能从人类的档案馆中找到类似的例证：好人无人知晓，恶人声名远扬。

由于蚂蚁以及别的一些杀戮者屠杀的无情，我花园中开始时数量多多的蟋蟀日渐稀少，使我的研究难以为继。我只好跑到花园以外的地方进行观察了。

八月里，在尚未被三伏天的烈日烤干的草地上的一小块绿洲的落叶中，我发现了已经长大了的小蟋蟀，与成年蟋蟀一样全身墨黑，初生时的白带子已经全褪去了。

它居无定所，一片枯叶、一片砖瓦足可以遮风避雨，犹如不考虑何处歇足的流浪民族的帐篷一样。

直到十月末，初寒来临，它才开始筑巢做窝。据我对囚于钟形罩中蟋蟀的观察，这个活儿非常简单。蟋蟀从不在其中的一个裸露地点筑巢，而总是在吃剩的莴苣叶遮盖着的地方做窝，莴苣叶代替了草丛作为隐藏时不可或缺的遮檐。

蟋蟀工兵用前爪挖掘，利用其颚钳挖掉大沙砾。我看见它用它那有两排锯齿的有力的后腿在蹬踢，把挖出的土蹦到身后，呈一斜面。这就是它筑巢做窝的全部工艺。

一开始活儿干得挺快。在我的囚室的松软土层里，两个小时的工夫，挖掘者便消失在地下了。它还不时地边后退边扫土地回到洞口。如果干累了，它便在尚未完工的屋门口停下来，头伸在外面，触须微微地颤动着。休息片刻之后，它又返回去，边挖边扫地又继续干起来。不一会儿，它又干干歇歇，歇息的时间也越来越长，我观察的劲头儿也随之降低了。

最紧迫的活儿完成了。洞深两寸，目前已经够用了，余下的活计费时费力，得抽空去做，每天干点。天气日渐转凉，蟋蟀的身体在渐渐长大，巢穴得逐渐加深、加宽。即使到了大冬天，只要天气暖和，洞口有太阳，也能常常看见蟋蟀在往外弄土，说明它在修整扩建巢穴。到了春光明媚时，巢穴仍在继续维修，不停地修复，直至屋主去世为止。

四月过完，蟋蟀开始歌唱，先是一只两只，羞答答地在独鸣，不久便响起交响乐来，每个草窠里都有一只在歌唱。我很喜欢把蟋蟀列为万象更新时的歌唱家之首。在我家乡的灌木丛中，在百里香和薰衣草盛开之时，蟋蟀不乏其应和者：百灵鸟飞向蓝天，展放歌喉，从云端把其美妙的歌声传到人间。地上的蟋蟀虽歌声单调，缺乏艺术修养，但其纯朴的声音与万象更新的质朴欢快又是多么的和谐呀！那是万物复苏的赞歌，是萌芽的种子和嫩绿的小草能听懂的歌。在这二重唱中，优胜奖将授予谁？我将把它授予蟋蟀。它以歌手之多和歌声不断占了上风。当田野里青蓝色的薰衣草如同散发青烟的香炉，在迎风摇曳时，百灵鸟就不再歌唱了，人们只能听见蟋蟀仍在继续低声地唱着，仍在庄重地歌颂着。

现在，解剖家跑来啰唆了，粗暴地对蟋蟀说："把你那唱歌的玩意儿让我们瞧瞧。"它的乐器极其简单，如同真正有价值的一切东西一样；它与螽斯的乐器原理相同：带齿条的琴弓和振动膜。

蟋蟀的右鞘翅除了裹住侧面的皱襞而外，几乎全部覆盖在左鞘翅上。这与我们所见到的绿蝈蝈、螽斯、距螽以及它们的近亲完全相反。蟋蟀是右撇子，其他的则是左撇子。

两个鞘翅结构完全一样，知道一个也就了解了另一个。我们来看看右鞘翅吧。它几乎平贴在背上，但在侧面突呈直角斜下，以翼端紧裹着身体，翼上有一些斜向平行细脉。背脊上有一些粗壮的翅脉，呈深黑色，整体构成一幅复杂而奇特的图画，形同阿拉伯文似的天书。

鞘翅透明，呈淡淡的棕红色，只是两个连接处不是如此，一个连接处大些，三角形，位于前部；另一个小些，椭圆形，位于后部。这两个连接处都由一条粗翅脉围着，并有一些细小的皱纹。第一处还有四五条加固的人字形条纹；后一处只是一条弓形的曲线。这两处就是这类昆虫的镜膜，构成其发声部位。其皮膜的确比别处的细薄，是透明的，尽管略呈黑色。

那确实是精巧的乐器，比螽斯的要高级得多。弓上的一百五十个三棱柱齿与左鞘翅的梯级互相啮合，使四

特征描写

对蟋蟀两个鞘翅的颜色、形状以及连接处的镜膜等特点进行细致入微的观察和介绍，这些是蟋蟀发声的重要部位。这样的特征描写在科普文的写作中十分常用。

个扬琴同时振动，下方的两个扬琴靠直接摩擦发音，上方的两个则由摩擦工具振动发声。所以，它发出的声音是多么雄浑有力啊！螽斯只有一个不起眼的镜膜，声音只能传到几步远的地方，而蟋蟀有四个振动器，歌声可以传到数百米以外。

蟋蟀的声音亮度可与蝉匹敌，而且不像蝉的叫声那么沙哑，令人讨厌。更妙的是，蟋蟀的叫声抑扬顿挫。我们说过，蟋蟀的鞘翅各自在体侧伸出，形成一个阔边，这就是制振器；阔边多少往下一点，即可改变声音的强弱，使之根据与腹部软体部分接触的面积大小，时而是轻声低吟，时而是歌声嘹亮。

只要是不爆发交尾期间本能的争斗，蟋蟀们便会在一起和平相处。但求欢者们之间，打斗是家常便饭，而且互不相让，但结局倒不严重。两个情敌相互头顶着头，互相咬脑袋，但它们的脑壳是一顶坚硬的头盔，能够顶住对方铁钳的夹掐，只见它俩你顶我拱，扭在一起，然后复又挺立，随即各自离去。战败者逃之夭夭；得胜者放开歌喉羞辱对方，然后转而柔声低吟，围着情人轻唱求欢。

求欢者很会搔首弄姿。它手指一勾，把一根触须拽回到大颚下面，把它蜷曲起来，用其唾液作为美发霜在其上涂抹。它那尖钩、镶着红饰带的长长的后腿，焦急地跺着，向空中蹬踢着。它因激动而唱不出声来。它的鞘翅在急速地颤动着，却不再发出声响，或者只是发出一阵零乱的摩擦声。

求爱无果。母蟋蟀跑到一片生菜叶下躲藏起来。但是，它还是微微撩起门帘在偷看，而且想被那只公蟋蟀看见。

> 它向柳树丛中逃去，
>
> 却在偷窥着求欢者。

两千年前的一首牧歌就是这么温情地唱诵的。情人间打情骂俏到处都一个样儿！

本篇选自原著第六卷

西班牙蜣螂

为了虫卵，昆虫由本能所做的正是人类通过经验和研究所得的理性让昆虫去做的，这一点可不是哲学微不足道的道理所产生的结果。因此，受到科学之严谨的启迪，我凡事都要谨慎对待。我这并不是要给科学一副令人憎恶的面孔，因为我相信人们即使不使用一些粗俗的词语也可以讲出一些绝妙的事情来。清晰明白是耍笔杆子人的高尚手段，我要尽可能地做到这一点。因此，使我停笔思考的那种谨慎是属于另一个范畴的。

我在问自己，我这是不是受到了一种幻想的欺骗？我心中在想："圣甲虫和其他一些甲虫是粪球制作工匠。那是它们的行当，不知它们是从哪儿学的这门手艺，也许是机体结构导致的，特别是因为它们有长长的爪子，而且有的爪子稍微弯曲。如果它们在为卵而忙碌的话，那它们在地下继续发挥自己制作粪球的特长又有什么可大惊小怪的呢？"

如果先不谈那些很难讲细致、讲清楚的梨颈和蛋形粪球突出的一端的话，剩下的就是最大的食物团，也就是昆虫在洞外制作的食物球团；还剩下的是圣甲虫在太阳地里把玩的而并不做他用的小粪球。

那么，这种在夏季酷热中被认为是最有效防止干燥的球形物是做什么用的呢？就物理学而言，粪球及其相似形状粪蛋的这种特性是毋庸置疑的，但是，这两种形状同已克服的困难只有一种偶然的联系。机体结构导致其在田野里制作粪球的这种昆虫在地下仍在制作粪球。如果说幼虫直到最后都有软嫩的食物放在嘴边而悠然自得的话，那我们也别因此就对其母之本能大加赞扬。

为了最终说服自己，我得找一只仪表堂堂的食粪虫，它在日常生活中根本就不懂得粪球制作工艺，但产卵时刻到来时，它又会一反常态，把收集到的材料制作成粪球。我家附近有这样的食粪虫吗？有。它甚至是除圣甲虫之外最美、最大的一种，那就是西班牙蜣螂，它前胸截成一个陡坡，头上也长着一个怪角，极其引人注目。

西班牙蜣螂身子矮胖，缩成一团，又圆又厚，行动迟缓，肯定对圣甲虫的体操技能一窍不通。它的爪子极短，稍有一点动静，爪子就缩回肚腹下面，与粪球制作工们的长腿简直无法相比。只要看看它那五短身材笨拙的样子，就很容易猜想到它是根本不喜欢推着一个大粪球去长途跋涉的。

西班牙蜣螂确实是喜静不喜动。一旦找够了食物，夜间或者日暮黄昏时分，它就在粪堆下挖洞——粗糙的洞，能放得下一只大苹果。然后，它三下两下地一扒拉，粪料便成了屋顶，或者至少挡在其门口；体积颇大的食物没有一个确切形状就落入洞中，这也正是它贪馋好吃的明证。只要宝贝食物没有吃完，西班牙蜣螂就不再回到地面，一门心思地大快朵颐。直到饭尽粮绝，这种隐居生活才会结束。于是，晚间，它就又开始寻觅、收获、挖洞，另建一个临时居所。

有了这种不需要事先准备就可吞食垃圾的本领，很明显眼下西班牙蜣螂根本就不去了解揉捏粪球的工艺。再者，它爪子短小、笨拙，似乎根本干不了这种工艺活儿。

五月里，最迟六月，产卵期到了。西班牙蜣螂已习惯了用最肮脏的粪料填饱自己的肚子，这下要考虑自己的子女了，这就让它犯难了。如同圣甲虫一样，这时候它也必须弄到绵羊软软的排泄物做成一个软面包。还得同圣甲虫一样，这个软面包必须营养丰富，就地整个儿埋入地下，地面上不留任何残渣碎末，因为必须勤俭节约，一点也不能浪费。

只见它没有远行，没有运送，没有任何的准备工作，那个软面包就被划拉到洞里去，就在它自己栖身之地。为了自己的孩子们，它在重复做着原先为自己所做的事情。至于地洞，足有一个鼹鼠洞大，是个宽大的洞穴，离地有二十厘米左右深。我发现它比西班牙蜣螂大快朵颐时住的那种临时住宅要宽敞得多，精致得多。

不过，我们还是让西班牙蜣螂自由地干活儿吧。偶然发现的情况所提供的资料可能是不全面的，是片段的，内在关系也不明显。笼中的喂养就非常利于观察，蜣螂也十分配合。我们还是先看看它是怎么储存食物的吧。

在黄昏那朦胧的光线下，我看见它出现在洞门口。它是从地下深处爬上来收集食物的，没花什么工夫就找到了：洞口附近就有很多的食物，是我放的，我还常常精心地更换。它天生胆小，一有动静就随时准备缩回

从"虫性"观"人性"

为了自己的孩子，蜣螂妈妈冒着危险小心翼翼地从洞里爬到洞口，精心地"划拉、翻找、拖拽、拖拽"，把食物拖回洞里储存起来，然后再重复这样的步骤。这样的付出就像人类生活中的母亲一样，兢兢业业、默默无闻、无怨无悔地为儿女操劳。

去，所以它步子很缓慢，不灵活。它用头盔划拉、翻找，用前爪拖拽，很小的一抱食物就给弄出来了，却被拖散开来，掉成碎末。蜣螂把食物倒退着拖着，消失在地下。不到两分钟的工夫，它又爬到地面上来了。它仍旧小心翼翼地，用展开的触角瓣探察周围，然后才跨出门槛。

粪堆与它之间相隔两三寸，闯到粪堆那儿，对它来说可是一件了不得的大事。它宁愿食物正好位于其洞宅门旁，构成其住宅的屋顶。这样它就用不着出门，免得提心吊胆的。可我另有打算。为了观察方便起见，我把食物放在门口，但离洞口并不远。慢慢地，胆小的蜣螂心里踏实了，来到露天地里，到了我的面前，但我还是尽可能地不让它发现。它又没完没了地在一趟一趟地搬运食物了，但它搬运的总是一些不成形的碎块、碎屑，就像是用小镊子夹住的那样。

我对它储存食物的方法已经颇有了解，所以任由它自己继续这么干了大半夜。天亮时，地面上什么都没有了，蜣螂也就没再出来。只一夜工夫，足够的宝藏便堆积起来了。我们先等上一段时间，让它有余暇把自己的收获随其心愿地整理存放好。在这个周末之前，我在笼子里翻挖，把我曾看见它存放一部分粮食的那个洞挖开来。

如同在野外的洞中一样，那是个屋顶不平的宽敞大厅，屋顶低矮，但地面几乎是平坦的。在大厅一角，有一个圆洞张开着，像是一个瓶口。那是太平门，通向一条地道，往上直达地面。在这个新土上挖成的住宅四壁都被精心压紧、压实，我挖掘时虽有震动，却没有坍塌。看得出来，蜣螂为了未来，施展了全身本领，费尽了全部挖掘工的力气，建造了坚固耐用的住宅。如果说那个只是为了在其中填饱肚子的陋室是匆匆挖成的，既无样式又不坚固的话，那么现在的这座房屋则是面积又大建筑又精美的地宫。

我怀疑雌雄蜣螂同心协力地完成了这项大工程；至少，我经常看到一对蜣螂待在用于产卵的地洞里。这宽敞而豪华的屋子想必曾经是婚礼的彩厅；婚礼就是在这个大拱顶下举行的，而新郎想必帮着盖了这座大厅，以此来表达自己那不一般的爱情。我还猜想新郎也帮着新娘收集和存放粮食。在我看来，新郎是那么强壮，也一抱一抱地把粮食运往地宫。两人齐心协力，这份细致的活计就干得快了。但是，一旦屋内存粮已满，新郎就悄悄地退去，返回地面，去别处安家立命，让螳螂妈妈独自去完成母亲的职责。雄螳螂在这个家里的作用也就完成了。

在这个我们看见有那么多小粒粮食运进来的地宫中能发现什么呢？一大堆乱七八糟的散乱颗粒吗？绝对不是的。我在里面发现的始终都是一个整块的大圆面包，占满了整个屋子，只在四周留下一条狭小的过道，只能容得下螳螂妈妈来回走动。

这块巨大的蛋糕没有固定的形状。我见到过蛋形的，形状和大小如火鸡的蛋；我也见到过扁平椭圆形的，状如一个普通的洋葱头；我还见到过几乎浑圆形的，如同荷兰奶酪一般；我也曾见到过朝上的一面圆圆的，微微鼓起，就像是普罗旺斯的乡村面包，或者更像是复活节时食用的蒙古包状的烤饼。不管是什么形状的，它的表面都很光滑，曲线也很均匀。

这下子我明白了：螳螂妈妈把先后搬运进洞的无数散碎食物聚集起来，揉成一整块；然后，它把这一整块食物搅拌、混合、压实成为颗粒均匀的食物。我多次看到这位女面包师站在那个大面包上；与之相比，圣甲虫做的那个小粪球简直是小巫见大巫了。在这个有时有一厘米宽的粪球凸面上，西班牙蜣螂走动着，踱着步，它轻轻地拍打这个大面包，让它变得瓷实、均匀。我只能偷偷地瞥上一眼这个滑稽场景，因为一看见有人，女面包师便顺着弯曲的斜坡滑下来，藏于面包下面。

为了深入观察，研究细枝末节，就必须耍点花招。这并不困难。也许是因为我长期与圣甲虫打交道使我在研究方法上变得更加机灵了，也许是西班牙蜣螂心并不太细，更能忍受狭窄囚室的烦闷，所以我得以毫无阻碍、随心所欲地观察筑巢的各个阶段的情况。我使用了两种方法，每个方法都告诉了我某些特殊的东西。

在笼子里有了几个雌蜣螂做成的大面包之后，我便把蜣螂妈妈与这几个大面包一起搬出来，放到我的实验室里去。容器分两种，按我的愿望让它们或明或暗。如果我希望容器里面光亮，我就用大口玻璃瓶，直径差不多与蜣螂洞一般大小，也就是十二厘米左右。每只瓶子底部铺了一层薄薄的新沙子，薄得蜣螂无法钻进去，却足以让它不致在玻璃地上滑来滑去，而且让它以为是与我刚让它搬离的地方一样的沙地。我把蜣螂妈妈及其大面包就放在这层沙子上。

即使在光线极其微弱的状况下，蜣螂也会因惊吓而不做什么的。它需要完全无光亮，于是我便用一个硬纸板盒把大口瓶给罩起来了。我只要小心翼翼地稍稍掀起一点这个硬纸板盒，就可以在我认为合适的时间随时借着室内的弱光，偷窥女囚正在干什么，甚至能观察上好一段时间。大家都看到了，这个方法比我当时想观察圣甲虫制作梨形粪球时所使用的方法简便得多。西班牙蜣螂性格更温驯一些，适合使用这种方法，换了圣甲虫可能就行不通了。因此，我在实验室的大桌子上放了一打这样的可明可暗的容器。谁要是见到这一溜瓶子，可能会误以为灰纸盒套下面盖着的是异邦的食品调料哩。

如果要全不透光的，我就用花盆，里面堆上新沙子。花盆下面弄成一个窝，用硬纸板搭个屋顶，挡住上面的沙子，蜣螂妈妈和它的大面包就放在窝里。或者干脆我就把它和它的大面包放在沙子上面。它会自己挖洞做窝，把面包藏进去，如同平常一样。无论采用哪种方法，都得用一块玻璃片盖住，免得让俘虏逃逸。我期待着这些不同的、不透亮的容器能为我澄清一个棘手的问题，这个问题我以后会阐明的。

这些用不透亮的纸盒罩住的大口瓶能告诉我们一些什么呢？能告诉我们许多东西，非常有趣的东西。它们让我们知道，这个大面包尽管形状多变，但它始终是规则的，它的曲线并非是因为滚动导致的。我们在检查天然洞穴时已经很清楚，这么大的一个圆球几乎占满了整个屋子，所以是无法滚动的。再者，蜣螂也没有这么大的力气去推动这么大的一个粪球。

不时地查看大口瓶都会得知同一个结论。我看见蜣螂妈妈立于面包上，这儿摸摸那儿敲敲，轻轻地拍打，抹平突出的地方，把粪球修整得臻于完善；我还从未见到过它试图把那个大家伙翻转过来。这就十分清楚了：圆面包并非滚动而成的。

蜣螂妈妈的勤奋与耐心细致让我想到以前从未想到的一个问题：制作的时间之长。为什么要对这块大东西翻来覆去地修修补补？为什么在吃它之前要等待那么长的时间？确实，要经过一个星期甚至更多的时间之后，蜣螂在面包上打磨，使它变得光鲜之后才决心享用它。

当面包师把面团和好搅匀之后，它就把它拢成一堆，放到和面槽的一个角落里。在体积大的块团内，面包发酵的温度调节得更好，蜣螂深谙面包制作的这一诀窍。它把收集到的食物堆在一起，精心揉制，做成粗坯，然后让它有时间去进行内部发酵，让粪团味道变美，并让它有一定的硬度，以利日后的加工。只要这道化学程序没有完成，女面包师及其小伙计就会等待。对蜣螂来说，这个等待时间很长，至少得一个星期。

发酵成功了。小伙计把大面团分成小面团，女面包师也在这么干。它用头盔上的大刀和前爪上的锯齿切开一个圆槽口，并切下一小块体积规则的面团来。这切割动作干净利落，一刀成形，完全符合要求。

现在就要加工这个小面团了。于是，蜣螂便用它那似乎并不适于这种工作的短小的爪子尽量地抱住小面团，使用其唯一可以使用的挤压方法把小面团加以挤压。它非常认真执着地在尚未定型的粪球上移动着，上上下下，左转右绕，有板有眼地这儿多压几下，那儿少压几下，然后又始终耐心细致地加以修饰。如此这般地干了二十四小时之后，凹凸不平的粪团就变成了有如梨子般大小的完美的球形面包了。在它那拥挤狭小的车间的一角，矮胖的艺术家几乎待在原地，不能动弹地完成了自己的杰作，而且一次没挪动过那个面团。经过耐心细致的长时间工作之后，它终于制作成了那个十分浑圆的球形，而这是它那笨拙的工具以及狭小的空间让人觉得根本不可能完成的事。

从"虫性"观"人性"

蜣螂妈妈对"圆球"的精益求精，是为了让宝宝有一个最安全、最舒适的出生和未来生活空间，这是天下所有妈妈共同的美好心愿

它还得花较长的时间去仔细完善、抹光那个球形，用爪子温情地翻来覆去地抹，直到把一点点突兀都给抹掉为止。看上去它那细心的涂抹是永无止境似的。但是，将近第二天的傍晚时分，它认为这个圆球已经合适了。蜣螂妈妈爬上其建筑物的圆顶，一直在压挤，在上面压出一个不怎么深的火山口来，它把卵产在这个小盆里了。

然后，它用极其粗糙的工具，以极大的谨慎与惊人的细致，把火山口边缘聚拢，做成一个拱顶，盖在卵的上方。蜣螂妈妈慢慢地转动，把粪料一点点地耙拢，推向高处，把顶封上。这是各个工序中最棘手的活儿，稍稍压重一些，扒拉得不到位，都可能危及薄薄的天花板下的虫卵。封顶的工作不时地要停一停。蜣螂妈妈低着头，一动不动，似乎在屏息聆听，看看洞内有何异常。

看来安然无恙，于是，耐心的女工又开始干起来：从两侧一点点往屋顶耙粪料，屋顶逐渐变尖、变长。一个顶端很小的蛋形就这样代替了球形。在多少有点凹凸的蛋形下面的就是虫卵的孵化室。这项细致的活计还得花上二十四小时，加工粪球，在粪球上挖出个小盆，在盆内产卵，把圆盆封顶盖住虫卵，这些工序加在一起需

要四十八小时，有时还要更长一些。

蜣螂妈妈又回到了那个切去一块的大面包旁。它又切下了一小块，用同样的操作法把它变成一个蛋形粪球，在又一个小盆中产下卵。余下的粪球面包还可以做第三个，甚至还常常可以做第四个蛋形粪球。蜣螂妈妈在洞穴只堆积了唯一的一个粪料堆。据我所见，顶多也就够做四个蛋形粪球的。

卵产下后，蜣螂妈妈便待在自己那小窝里，里面差不多满满当当地挤放着三四只摇篮，一个一个紧挨在一起，尖的一头冲上。它现在要干什么呢？想必是要出去转转，这么久没有进食，得恢复一下体力了吧？谁要是这么想那就大错特错了。它仍旧待在窝里，自从它下到洞中，它什么都没有吃过，绝对没有去碰那个大面包；大面包已经分成几等份，将是它的子女们的食粮。在疼爱子女方面，西班牙蜣螂克制自己的精神确实非常感人，宁可自己挨饿也绝不让子女缺少吃喝。

它这么忍受饥饿还有第二个原因：守护在摇篮边上。自六月底开始，地洞就难以弄成了，因为雷雨大风以及行人的踩踏，洞都消失了。我所看到的几个洞穴里，蜣螂妈妈总是在一堆粪球边上打盹儿；每个粪球里都有一条已发育完全的胖嘟嘟的幼虫在大吃大喝着。

我那些装满新沙子的花盆做的不透亮的容器里的情况证实了我从田野上所看到的情况。蜣螂妈妈们于五月上旬连同食物被埋进沙里，它们就没有再在玻璃罩下的地面上露过面。产完卵后，它们便在洞中隐居了；它们同它们的那些粪球一起度过闷热的伏天，毫无疑问，它们是在守护着那些摇篮，我把大口玻璃瓶盖子揭开看到的就是这种情况。

直到九月头几场秋雨过后，它们才爬到外面来。而这时候，新的一代已经完全成形了。蜣螂妈妈在地下很高兴地看到子女们长大了，这在昆虫界是极其少有的天伦之乐。它听见自己的孩子们刮擦着茧子要破茧而出；它看见它如此精心加工的保险箱被打破；如果地面的湿气没能让囚室变得软一些的话，它也许会走上前去帮自己的那些精疲力竭还出不来的孩子。妈妈及其孩子们一起离开地洞，一起上来迎接秋高气爽，这时节，太阳暖洋洋的，路上绵羊的天赐美食比比皆是。

本篇选自原著第五卷

从"虫性"观"人性"

从五月进洞，到九月才出洞，蜣螂妈妈在洞中度过漫长闷热的日子，有相当长的时间是在为孩子制作粪球。我们惊讶于蜣螂妈妈的智慧、细致、耐心、爱心、无私和伟大。这段文字中还有一个细节令人感动：长大的孩子在成长的路上遇到困难，蜣螂妈妈随时上前帮助，永远是孩子身后最坚强有力的支撑。法布尔的这篇作品，不仅让我们了解到昆虫知识，也让我们深深感悟到"虫性"中的"人性"——母爱的光辉与美好

南美潘帕斯草原的食粪虫

　　跑遍全球，穿越五洲四海，从南极到北极，观察生命在各种气候条件下的无穷无尽的变化情况，对于善于考察研究的人来说这肯定是最美好的运气。鲁滨孙的漂流让我欢喜兴奋，我年轻的时候就怀着他那种美妙的幻想。然而，紧随着周游世界那美丽梦幻而来的却是郁闷和蛰居的现实。印度的热带丛林、巴西的原始森林、南美大兀鹰喜爱的安第斯山脉的高峰峻岭，全部缩作一块作为探察场的荒石园了。

　　但上苍保佑，让我并不为此而抱怨不已。思想上的收获并非一定要长途跋涉。让－雅克[1]在他那金丝雀生活的海绿树丛中采集植物；贝尔纳丹·德·圣皮埃尔[2]偶然地在其窗边长出来的一株草莓上发现了一个世界；

----

[1] 让－雅克：即卢梭，法国十八世纪著名作家，著有《忏悔录》《新爱洛绮丝》等名著。

[2] 贝尔纳丹·德·圣皮埃尔（1737—1814）：法国作家。

萨维埃·德·梅斯特尔^[1] 把一张扶手椅当作马车在自己的房间里做了一次最著名的旅行。

这种旅行方式是我力所能及的，只是没有马车，因为在荆棘丛中驾车太难了。我在荒石园周围上百次地一段一段地绕行；我在一家又一家人家驻足，耐心地询问，隔这么一长段时间，我就能获得零零星星的答案。

我对最小的昆虫小村镇都非常熟悉，我在这个小村镇里了解了螳螂栖息的各种细枝；我熟悉了苍白的意大利蟋蟀在宁静的夏夜轻轻鸣唱的所有荆棘丛；我认识了黄蜂这个棉花小袋编织工耙平的棉絮的所有小草；我踏遍了被切叶蜂这个树叶的剪裁工出没的所有丁香矮树丛。

如果说荒石园的角角落落的踏勘还不够的话，我就跑得远一些，能获得更多的样本。我绕过旁边的藩篱，在大约一百米的地方，我同埃及圣甲虫、天牛、粪金龟、蜣螂、螽斯、蟋蟀、绿蝈蝈等有了接触，总之我与一大群昆虫部落进行了接触，要想了解它们的进化史，那得耗尽一个人整整一生。当然，我同自己的近邻接触就足够了，非常够了，用不着长途跋涉跑到很远很远的地方去。

---

[1] 萨维埃·德·梅斯特尔（1763—1852）：法国作家，著有《在我屋内旅行》等。

再说，跑遍世界，把注意力分散在那么多的研究对象上，这不是在观察研究。四处旅行的昆虫学家可以把自己所得的许许多多标本钉在标本盒里，这是专业词汇分类学家和昆虫采集者的乐趣，但是收集详尽的资料则是另一码事。他们是科学上的流浪的犹太人，没有时间驻足停留。当他们为了研究这样那样的事实时，就可能要长时间地停在一地，然而，下一站又在催促着他们上路。我们就不要让他们在这种状况下勉为其难了。

就让他们在软木板上钉吧，就让他们用塔菲亚酒的短颈大口瓶去浸泡吧，就让他们把耐心观察、需时费力的活儿留给深居简出的人吧。

这就是除了专业分类词汇学家列出的枯燥乏味的昆虫体貌特征之外，昆虫的历史极其贫乏的原因所在。异国的昆虫数量繁多，无以数计，它们的习性我们几乎始终一无所知。但是我们可以把眼前所见到的情景与别处发生的情况加以比较，看一看同一种昆虫在不同的气候条件下，其基本本能是如何变化的，这会是非常有好处的。

这时候，无法远行的遗憾又涌上心头，使我比以往

科学精神

要想让昆虫的历史丰富鲜活起来，就要真正走进昆虫的生活，一年四季、不分白天与黑夜，极其细微地观察、记录和发现，绝非纸上谈兵。有了这样的精神，我们做任何事都能"有志者，事竟成"。

塔菲亚酒：西印度群岛的一种甘蔗酒。

任何时候都更加感到无奈，除非我在《一千零一夜》的那张魔毯上找到一个座位，飞到我想去的地方。啊！神奇的飞毯啊，你要比萨维埃·德·梅斯特尔的马车合适得多。但愿我能在你上面有一个角落可坐，怀揣着一张往返机票！

我果然找到了这个角落。这个意想不到的好运是基督教会学校的修士、布宜诺斯艾利斯市萨尔中学的朱迪利安教友带给我的。他虚怀若谷，受其恩泽者理应对他表示的感激很不高兴。我在此只想说，按照我的要求，他的双眼代替了我的眼睛。他寻找，发现，观察，然后把他的笔记以及发现的材料寄给我。我用通信的方式同他一起寻找，发现，观察。

我成功了，多亏了这么卓绝的合作者，我在那张魔毯上找到了座位。我现在到了阿根廷共和国的潘帕斯大草原，渴望着把塞里昂的食粪虫的本领与其另一个半球的竞争者的本领做一番比较。

开端极好！萍水相逢竟然让我首先得到了法那斯米隆那漂亮的昆虫，它全身黑中透蓝。

雄性法那斯米隆前胸有个凹下的半月形，肩部有锋利的翼端，额上竖着一个可与西班牙蜣螂媲美的扁角，

行文方式

这段对潘帕斯大草原上法那斯米隆的介绍，让人联想到蒙彼利埃周围的奥氏宽胸蜣螂，这与前文作者的研究设想相呼应。这种行文方式使文章内容更加紧凑集中，也更利于吸引读者的注意力。

角的末端呈三叉形。雌性则以普通的褶皱代替了这漂亮的装饰。雄性与雌性的头罩前部都有一个双头尖，肯定是一个挖掘工具，也是用于切割的解剖刀。这种昆虫短粗、壮实、呈四角形，让人联想到蒙彼利埃周围非常罕见的一种昆虫——奥氏宽胸蜣螂。

如果形状相似则本领也必然相似的话，那我们就该毫不迟疑地把如同奥氏宽胸蜣螂制作的同样又粗又短的香肠面包归之于法那斯米隆。唉！每当牵涉本能的问题时，昆虫的体形结构就会造成误导。这种脊背正方、爪子短小的食粪虫在制作葫芦时技艺超群。连圣甲虫都制作不了这么像模像样，尤其是个头儿又这么大的葫芦。

这种粗壮短小的昆虫制作的产品之精美让人拍案叫绝。这种葫芦制作得如此符合几何学标准，简直无可挑剔：葫芦颈并不细长，却把优雅与力量结合在一起。它似乎是以印第安人的某种葫芦作为模型制作的，特别是因为它的细颈半开，鼓凸部分刻有漂亮的格子纹饰，那是这种昆虫的跗骨的印迹。它好像是用藤柳条嵌护着的一只铁壶，大小可以达到甚至超过一只鸡蛋。

这真是一件极其奇特而稀有的珍品，尤其是这竟然是出自一个外形笨拙、粗短的工人之手。不，这再一次说明工具不能造就艺术家，人和虫都是这么个理儿。引导制作工匠完成杰作的有比工具更重要的东西：我说的是"头脑"——昆虫的才智。

法那斯米隆对困难嗤之以鼻。不仅如此，它还对我们的分类学不屑一顾。人们一说食粪虫，就将它解释为牛粪的狂热追慕者。可法那斯米隆之重视牛粪既非为自己食用，也不是为了自己的孩子们享用。我们常常会看见它待在家禽、狗、猫的尸骨架下，因为它需要尸体的脓血。我所绘出的那只葫芦就是立在一只猫头鹰的尸体下面的。

这种埋葬虫的胃口与圣甲虫的才能的结合的虫，谁愿意怎么看就怎么看吧。我嘛，不想去解释这种现象，因为昆虫的一些癖好让我困惑不解，它们的这些癖好似乎谁也无法仅仅根据其外貌就能判断得出。

我知道在我家附近就有一种食粪虫，它也是尸体残余的唯一的享用者。它就是粪金龟，是经常光顾死鼹鼠和死兔子的常客。但是，这种侏儒殡葬工并不因此就鄙视粪便，它像其他的金龟子一样照旧大吃不误。也许它有着双重饮食标准：奶油球形蛋糕是供给成虫的，而略微发臭的腐肉有浓重口味的食料则是喂给幼虫的。

类似情况在别的昆虫、别的口味方面同样存在。捕食性膜翅目昆虫汲取花冠底部的蜜，但它喂自己的孩子时用的是野味的肉。同一个胃，先吃野味肉，后汲取糖汁。这种消化用的胃囊在发育过程中必须发生变化吗？！不管怎么说，这种胃同我们人的胃一样，年轻时喜食的东西到了晚年就对此鄙夷厌恶了。

让我们更加深入地观察研究一下法那斯米隆的杰作。我弄到的那些葫芦都干透了，硬得几乎跟石头一样，颜色也变成浅咖啡色了。我用放大镜仔细观察，里外都没有发现一丁点木质碎屑，这种木质碎屑是牧草的一个证明。这么说，这怪异的食粪虫没有利用牛屎饼，也没有利用任何类似的粪料。它是用其他材料制作自己的产品的。是什么材料呢？一开始挺难弄清楚。

我把葫芦放在耳边摇动，有轻微的响声，就像是一个干果壳里面有一个果仁在自由滚动时发出的声响一样。葫芦里是不是有一只因干燥而抽缩了的幼虫呀？我起先一直是这么认为的，但我弄错了。那里面有比这更好的东西，可让我长了见识了。

我小心翼翼地用刀尖挑破葫芦。在一个同质的均匀内壁中——我的三个标品中最大的一个的内壁竟厚达两

巧设悬念

如此坚固的、中空的葫芦，制作难度可想而知，不可思议的是，葫芦里面还有东西滚动，发出声响。作者用他的猜测设置了一个悬念，引导大家对这个问题进行关注并展开深入思考。

137

厘米，嵌着一个圆圆的核，满满当当地填充在内壁的孔洞里，却与内壁毫不粘贴，所以可以自由地晃动，因此我摇动时就听见了响声。

就颜色与外形而言，内核与外壳并无差异。但是，把内核砸碎，仔细检查碎屑，我就从中发现一些碎骨、绒毛絮、皮肤片、细肉块，它们全淹没在类似巧克力的土质糊状物中。

我把这种糊状物在放大镜下面进行了筛选，去除了尸体的残碎物之后，放在红红的木炭上烤，它立即变成黑黑的了，表层覆盖着一层鼓胀的光亮物，并散发出一股呛人的烟，很容易闻出那是烧焦的动物骨肉的气味。这个核全部浸透了腐尸的脓血。

我对外壳进行同样处理后，它也变黑了，但黑的程度没有核那么深。它几乎不怎么冒烟，它的外层也没有覆盖一层乌黑发亮的鼓胀物。它一点也没含有与内核所含有的那些腐尸的碎片相同的东西。内核与外壳经烧烤之后，其残余物都变成一种细细的红黏土。

通过这粗略的观察分析，我们得知法那斯米隆是如何进行烹饪的。供给幼虫的食品是一种酥馅饼。肉馅是用它头罩上的两把解剖刀和前爪的齿状大刀把尸体上能剔出来的所有东西全部剔出来做成的，有下脚毛、绒毛、捣碎的骨头、细条的肉和皮等。一开始，这种烤野味的作料拌稠的馅呈浸透腐尸肉汁的细黏土冻状，现在变得硬如砖头。最后，酥馅饼的糊状外表变成了黏土硬壳。

这位糕点师傅对其糕点进行了包装，用圆花饰、流苏、甜瓜筋囊加以美化。法那斯米隆对这种厨艺美学并非外行。它把酥馅饼的外壳做成葫芦状，并饰以指纹状的饰纹。

这种无法食用的外壳在肉汁中浸泡的时间太短，可想而知，并不受法那斯米隆的青睐。等幼虫的胃变得皮实了，可以消受粗糙的食物时，它会刮点内壁上的东西充饥，这一点倒是有可能的。但是，从整体来看，直到幼虫长大能出走之前，这个葫芦一直完好无损。它不仅开始时是维持馅饼新鲜的保护神，而且始终是隐居其间幼虫的保险箱。在糊状物的上面，紧挨着葫芦的颈部，修整成一个黏土内壁的小圆屋，这是整个内壁的延伸部分。一块用同样材料制成的挺厚的地板把它与粮食隔开。这就是孵化室，卵就产在那儿，我在那儿发现了卵，可惜已经干了。幼虫在这个孵化室里孵化出来，事先得打开一扇隔在孵化室和粮食之间的活动门，才能爬

写作手法

这段话介绍"葫芦"中的各个重要组成部分，是对"保险箱"的具体解说，与前一句构成分总关系。这样的写法，内容聚焦，层次清晰，建议在习作时尝试运用

到那个可食的粪球处。

幼虫诞生在一个高出那块食物并与之不相通的小保险匣里。新生幼虫必须及时地钻开那食品罐头盒盖。后来，当幼虫待在那罐头食品上面时，我的确发现地板上钻了一个刚好能让它钻过去的孔。

这块美味的牛肉片，裹着厚厚的一层陶质覆盖层，致使这份食物根据缓慢孵化的需要，长时间地保持新鲜。怎么达到这一目的的？我仍搞不清楚。卵在其同样是黏土质的小屋里安全无虞地待着，完好无损，到这时为止，一切尽善尽美。法那斯米隆深谙构筑防御工事的奥秘，深知食物过早地发干的危险。现在剩下的是胚胎呼吸的需求问题了。

为了解决这个呼吸问题，法那斯米隆也是匠心独运、智慧超群的。葫芦颈部沿着轴线打通了一条顶多只能插入一根细麦管的通道。这个闸口在内部开在孵化室顶部最高处，在外部则开在葫芦柄的末端，呈喇叭形半张开着。这就是通风管道，它极其狭窄又有灰尘阻而不塞，因此防止了外来的入侵者。我敢说这是简单但绝妙的杰作。我说得有错吗？如果说这样的一个建筑是偶然的结果的话，那么必须承认盲目的偶然却具有一种非凡的远见卓识。

这种迟钝的昆虫是如何建好这项极其繁难、极其复杂的工程的呢?

我在以一个旁观者的目光观察这南美潘帕斯草原的昆虫时,只有上述这个工程结构在指引着我。从这个工程结构可以不出大错地推断出这个建筑工所使用的方法。因此,我就这样对它工作的情况进行了设想。

它先是遇上了一具小昆虫尸体,尸体的渗液使下面的黏土变软。于是,它根据软黏土的大小或多或少地收集起来,收集的多少并没有明确的规定。如果这种软黏土非常多,收集者就大加消费,粮仓也就更加牢固。这样一来,制成的葫芦就特别大,大得超过鸡蛋的体积,还有一个两厘米厚的外壳。但是,这么一大堆的材料远远超出模型工的能力,所以加工得很不好,从外观看上去,一眼就能看出是一项十分艰苦笨拙的劳动所创造出来的成果。如果软黏土很稀少,它便严格节省着使用,这样它的动作也就自然得多,弄出来的葫芦反而匀称齐整。

那黏土可能先是通过前爪的按压和头罩的劳作变成球形,然后挖出一个很宽很厚的盆形。蜣螂和圣甲虫就是如此做的,它们在圆粪球的顶部挖出一个小盆,在对蛋形或梨形最后打磨之前，把卵产在小盆里。

在这第一项劳作中，法那斯米隆只是一个陶瓷工。不管尸体渗液浸润黏土有多么不充分，只要是具有可塑性，任何黏土对它来说都是可以加工运作的。

现在，它变成了肉类加工者了。它用它那带锯齿的大刀从腐尸上切、锯下一些细碎小块来；它又撕又拽，把它认为最适合幼虫口味的部分弄下来。然后，它把这些碎片统统聚集起来，再把它们同脓血最多的黏土搅和在一块儿。这一切搅拌得非常均匀，就地制成了一只圆粪球，不需要滚动，如同其他食粪虫制作自己的小粪球一样。补充说一句，这只粪球是按照幼虫的需要量制作的，它的体积几乎始终不变，无论最后那个葫芦有多大。

现在酥馅饼做好了。它被放进大张开口的黏土盆里存好。它没挤没压，以后可以自由转动，不会与其外壳有一点粘连。这时候，陶瓷制作的活儿又开始了。

昆虫用力挤压黏土盆厚厚的边缘，为肉食制好模套，最后使肉食的顶端被一层薄薄的内壁包裹住，其他部分则由一层厚厚的内壁包住。顶端的内壁上，留有一个环形软垫；这儿的内壁的厚度与日后在顶端钻洞进粮仓的幼虫的弱小程度成正比。随后，这个环形软垫也进行压模，变成一个半圆形的窟窿，卵就产在其中。

通过挤压黏土盆的边缘，使之慢慢封口，变成孵化室，制作葫芦的工序就宣告结束了。这道工序尤其需要高超的技艺。在做葫芦柄的同时，必须一边紧压粪料，一边沿着轴线留出通道作为通风口。

我觉得建造这个通风闸口极其困难，因为计算稍微有点偏差，这个狭窄的口子就会立刻被堵住了。我们优秀的陶瓷工中最心灵手巧的工匠如果缺少一根针的帮助也是干不成这件活儿的，它把针先垫在里边，完工之后，就把这根针抽出来。这种昆虫是一种用关节连接着的机械木偶，在它自己都没有想到的情况之下，就挖出了一条穿过大葫芦柄的通道。如果它想到了，也许就挖不成了。

葫芦制作完后，就得对它粉饰加工了。这是一件费时费工的粉饰活儿，要使曲线完美流畅，并在软黏土上留下印记，如同史前的陶瓷工用拇指尖印在其大肚双耳坛上的印记一样。

这件活计完工了。它将爬到另一具尸体下面重新开工，因为一个洞穴只有一个葫芦，多了不行，如同圣甲虫制作它的梨形小粪球一样。

朗格多克蝎

开篇写法

本文开篇极力渲染蝎子的神秘感以及人类对它的"神"化这种写作方式增加了作品的神秘色彩，激起读者对蝎子的探知兴趣。在日常的写作开篇中，可以试着模仿借鉴。

这种蝎子沉默不语，其习性蒙着神秘色彩，与之接触无趣味可言，因此除了通过解剖所得到的一些资料之外，对它的历史几乎一无所知。老师们的解剖刀向我揭示了它的机体结构，但是，据我所知，还没有任何一位观察者打定主意要持之以恒地研究它的隐秘习性。用酒精浸泡后开膛破肚的朗格多克蝎已清楚地为人所知，但是它在其本能范围内的活动情况却几乎鲜为人知。在节肢动物中，没有谁就生物学方面比它更应当被详加介绍的了。世世代代，它都让平民百姓浮想联翩，竟至成为黄道十二宫标志中的一个。卢克莱修[1] 曾说："恐惧造就神明。"蝎子通过恐惧让人们将它神化了，它被尊为天上的一个星座，而且成为历书上十月的象征。我们试试让蝎子开口讲话。

[1] 卢克莱修（约前98—前55）：古罗马哲理诗人和抒情诗人。

在安排蝎子的住宿问题之前，我们先给它们做一个简单的体貌特征的描述。普通的黑蝎在南欧许多地方都有，大家都很熟悉。它经常出没于我们住处附近的阴暗角落，一到秋天阴天下雨的日子，它便钻进我们家，有时候还钻进我们的被子里。这可恶的昆虫给我们造成的不仅是疼痛，更是恐惧。尽管我现在的住宅中就有不少的黑蝎，但我观察时倒没有什么意外伤害。这种恶名很大又很可悲的昆虫更多的是让人厌恶而非感到危险。

朗格多克蝎生活在地中海沿岸各省，人们对它害怕有余而了解不足。它们并不骚扰我们的住处，而是躲得远远的，藏于荒僻地区。与黑蝎相比，朗格多克蝎可谓一个巨人，发育完全时，身长可达八九厘米，其色泽呈干麦秸的那种金黄。

它的尾巴——实际上就是它的肚腹——系五节相连的状如酒桶的棱柱体，相互间由桶底板连接，形成粗细相同、错落有致的棱状条条，好似一串珍珠。这同样的纹络还遮盖着那举着大钳的大小臂膀。还有一些纹络弯弯曲曲地分布在脊背上，好似其护胸甲结合部的绲边，而且是轧花绲边。这些凸出的小颗粒透出了盔甲那粗野厚重的架势，那也是朗格多克蝎的性格特征，就好像这个昆虫是用闪闪刀光砍削出来的似的。

它的尾端还有一个第六节体，表面光滑，呈泡状，是制作并存储毒汁的小葫芦。蝎毒外表看上去好似水一般，但毒性极强。毒腔终端是一个弯弯的螯针，色暗，尖利。针尖不远处有一细小的孔，用放大镜方能隐约瞥见，毒汁从这细孔流出，渗进被尖头刺破的对方伤口。螯针既硬又尖，我用指头捏住螯针，让它扎一张硬纸片，它就像缝衣针扎衣服似的容易。

螯针弯曲度很大，当它的尾巴平放伸直时，针尖是冲下的。要使用这件兵器时，蝎子就必须把它抬起来，反转过来，从下往上刺出去。这其实是它一成不变的攻击术，蝎尾反卷在背部，突然伸直，攻击被钳子夹住的对手。另外，蝎子平时几乎总是这种姿态，无论是在走动还是在歇息，尾巴都卷贴在背上。尾巴平拖在地上的情况十分罕见。

蝎钳从口中伸出，宛如螯针的大钳子，既是战斗的武器，又是获取信息的器官。蝎子往前爬时，便将钳子前伸，钳上的双指张开着，以了解和对付所遇到的东西。如果必须刺杀对手的话，双钳便先镇住对方，让对方吓得动弹不了，然后螯针从背部伸出来攻击。最后，如果需要长时间撕咬猎物的话，那对钳子便当作手来使用，把猎物抓送到嘴里。它们从未被当作行走、固定或挖掘的工具使用过。

双钳等于是起着真正爪子的作用。它们好像是被突然截断的指头，指尖生出几只可以活动的弯爪尖，其对面还竖着一根细而短的爪尖尖，几乎可以起到拇指的作用。那张小脸上长着一圈粗糙的睫毛。身体各部件组合而成一个绝妙的攀缘器，这就充分说明蝎子为什么能够在我的钟形罩网纱上爬来爬去，能够久久地仰着身子长时间地停在罩顶上，能够拖着沉重而笨拙的身子沿着垂直的罩壁攀上爬下。

蝎子身下，紧随爪子之后的是像梳子似的东西，那是奇特的器官，是蝎子独有的，梳子的名称源自其结构。它们是一长排的小薄片，相互紧密地排列着，犹如我们日常所用的梳子的排齿。解剖学者们怀疑它们是一部齿轮机，旨在雌雄交尾时双方紧连在一起。为了仔细观察它们亲热时的习俗，我把提到的朗格多克蝎关在有玻璃壁板的大笼子里，并放进一些大陶片块，让它们作为藏身之用。它们一共是十二对。

四月里，当燕子飞来，布谷鸟初鸣时，我的那些此前一直平静地生活着的蝎子掀起了一场革命。在我的花园露天地安置的昆虫小镇子里，不少的蝎子跑出去做夜间朝圣了，而且一去不复返。更加严重的是，在同一块砖头下面，我多次发现两只蝎子待在里面，一只在吞吃另一只。这是不是同类间打家劫舍的案子？美好季节开始了，生性好游荡的蝎子们冒失地闯进邻居家中，因为体弱而被对方吞食，丢了性命？几乎很像是这么个原因，因为闯入者被慢慢地吃了一整天，就像是被捉住的一个猎物似的。

那么，这就值得警惕了。被吃掉的，无一例外，全是中等个头儿的蝎子。它们体色更加金黄，肚腹稍小，证明是雄蝎，而且被吃的总是雄性。其他的那些蝎子体形更大，肚子滚圆，稍有点带暗色，它们的死并不像这么惨。那么，这儿发生的可能并不是邻里之间的斗殴，不是因为太喜欢独居而对任何来访者怀有敌意，随即把它吃掉，以此作为对任何冒失鬼彻底的解决办法，而是婚俗的成规使然，在交尾之后由女方残忍地把男方消灭掉。

春回大地，我已事先准备好了一个宽敞的玻璃笼子，放了二十五只蝎子，每只蝎子一片瓦。一月到四月

昆虫习性

《金步甲的婚俗》中出现的"雌雄金步甲交配后，雄性被剖腹的惨剧"在蝎子的世界里再次上演，昆虫世界里的这种习俗令人匪夷所思，却是客观存在的。不妨把这个婚俗成规总结一下，记录在你的昆虫档案里。

中旬，每天晚上，夜幕降临之后，七点至九点之间，玻璃宫中便闹腾开来。白天似乎像是荒漠，此刻却变成了欢乐的景象。刚一吃完晚饭，我们全家便奔向玻璃笼子。我们把一盏提灯挂在笼子前面，便可看见事件的全过程了。

我们经过一天的忙乱之后，现在有好的消遣了。眼前的是一场好戏。在这出由天真的演员表演的戏中，一招一式都极其有趣，以致刚把提灯点亮，我们全家老少都在池座就位了，连爱犬汤姆也前来观看。不过，汤姆对蝎子的事并不关心，坦然地躺在我们面前打盹儿，只是一只眼睛闭着，另一只眼睛始终睁着，盯住它的朋友——我的孩子们。

让我试着给读者们描述一下所发生的事情。靠近玻璃壁板的提灯照得不太亮的那个区域，很快便聚集起不少的蝎子。其他所有的地方，这儿那儿地游荡着一些孤独者，它们被亮光吸引，离开暗处，奔向光明的欢乐处。夜蛾子扑向灯火的场面也不如它们那么兴冲冲的。后来者混入先前的那些蝎子中去了，而另一些因懒于争抢，退到暗处，歇息片刻，然后激情满怀地回到舞台上去。

　　这个纷乱狂热的可怕场面犹如一场狂欢舞会，颇为引人入胜。有一些从老远跑来，它们端庄严肃地从暗处爬出来，突然像滑行似的迅疾而轻快地冲向亮处的蝎子群。它们的灵活劲儿犹如碎步疾走的小耗子。蝎子们在相互寻找着，但指尖稍一接触便像是彼此都被烫着了似的赶紧逃走。另有一些与同伴稍稍抱滚在一起，又赶紧分开，茫然不知所措，跑到暗处稳一稳神儿，又卷土重来。

　　不时地会有一阵激烈的喧闹：爪子相互缠绕，钳子又抓又夹，尾巴你钩我击，不知是威吓还是爱抚，谁也弄不清楚。在混乱之中，找到一个合适的亮度，就可以发现一对对的小亮点，像红宝石似的在闪烁。你会以为那是闪闪发光的眼睛，实际上那是两个小棱面，像反光镜似的光亮，长在蝎子的头上。蝎子们无论大小胖瘦都参加了混战，那就像是一场你死我活的战斗，一场大屠杀，然而那却是一场疯狂的嬉戏。那就像是小猫咪们扭缠在一起一样。不一会儿，大家四散开来，每一只蝎子都在向自己的方向蹿去，没有丝毫的伤痕，没有一点伤筋动骨。

　　现在，四散而去的逃跑者们又聚集到灯光前面来。

它们爬过来荡过去，离开了又回来，常常是头撞头、脸碰脸的。最性急的常常从别人的背上爬过去，后者只是动动屁股算是在抗议。现在还没到大打出手的时候，顶多只是两人相遇，几个小耳光罢了，也就是说用尾巴拍打一下而已。在蝎子群中，这种不使用毒针的敲敲打打是它们常见的拳击方式。

有的时候还有比爪子相缠、尾巴互击更精彩的场面出现，这是一种极其新颖别致的打斗架势。两强相遇，头顶头，双钳回收，后身竖起，来个大倒立，以致胸脯上的八个呼吸小气囊全部展现。这时，它俩垂直竖立的尾巴相互磨蹭，上下滑动，而两个尾梢相互微微钩住，并多次反复地钩住，解开，解开，钩住。突然间，这友谊的金字塔坍塌了，双方便没有任何寒暄地急匆匆溜掉。

这两位摆出新颖别致的姿势意欲何为？是不是两个情敌在肉搏？看来不是，因为二人相遇时并非怒目而视。我从随后的观察中得知，它俩这是在眉目传情，私订终身——蝎子倒立起来是在倾吐自己的热情爱恋。

如果继续像我刚开始的那样，逐日观察并把逐日积累的材料汇集在一起，是会有益处的，而且叙述起来比

写作手法

作者用设问句，解释了朗格多克蝎新颖别致的打斗姿势的原因——表达对异性的爱意。自问自答，更容易引发读者思考，加深对重要内容的关注和理解。写作时，可以尝试在关键处使用设问的方法。

较快；但是，这么一来，那各有特色且难以融会贯通的一幕幕细节就省略掉了，叙述的趣味性就丧失了。在介绍如此奇特且鲜为人知的昆虫习性时，什么都不应该忽略不提。最好是参照编年法，并把观察到的新情况分段叙述出来，尽管这样做有重复累赘之嫌。从这种无序必然产生有序，因为每天晚上的那些引人入胜的情况都能提供一种联系，对先前的情况予以验证与补充。我现在就进行抽样叙述。

一九〇四年四月二十五日

啊！那是怎么了？我还从未曾见过。我一直没放松警惕，但这还是头一回让我亲眼看到了这番情景。两只蝎子面对面，钳子伸出，钳指互夹。这是友好的握手，而非搏杀的前奏，因为双方都以最平和友善的态度对待对方。这是一雌一雄的两只蝎子。一个肚子大，颜色发暗，是雌蝎；另一只相对瘦小，色泽苍白，是雄蝎。它俩都把长尾卷成漂亮的螺旋花形，有板有眼地在沿着玻璃墙边踱着步。雄蝎在前倒退着走，步伐平稳，根本不像是拖不动对方的样子。雌蝎被抓住爪尖，与雄蝎面对面，驯服地跟着走。

写作手法

法布尔在这篇文章中运用倒叙的方式，先交代自己的猜想：雌雄朗格多克蝎之间的打斗是在"眉目传情、私定终身"，之后，用呈现观察日记的方式证实自己的猜想。

特征描写

注意区分雌性与雄性在体形和颜色上的差异，这种"雌大""雄小"的特点，在很多昆虫中都有体现，注意积累和记录。

它们走走停停，但始终这么绞在一起。它们歇歇停停，又走动起来，忽而从这儿走，忽而从那儿走，从围墙的一头转到另一头，看不出它们到底要走到哪里去。它们闲逛着，此情此景让我想到在我们村镇，每个星期日晚祷之后，年轻人一对一对地手挽手，肩搂肩地沿着藩篱墙散步。

它们常常掉转回头，总是雄蝎在决定往哪个方向走。雄蝎没有松开对方的手，亲切地转个半圆，与雌蝎肩并着肩。这时候，雄蝎展开尾巴轻轻抚摩雌蝎片刻。雌蝎一动不动，不露声色。

我一直兴趣不减地观察着这没完没了的来去往返，足足有一个钟头。家中有人帮我一起观察这番奇情妙景，世上还没有人见过这种场面，至少是没有以善于观察的目光看过这种表演。尽管天色已晚，我们又是习惯早睡的，但是我们始终注意力高度集中，一点重要情节都没有逃过我们的眼睛。

最后，十点钟光景，雌雄要有结果了。雄蝎爬到一片它觉得合适的瓦片上，松开雌蝎的一只手，只松了一只手，而另一只手仍旧紧攥着不放，用松开的一只手扒一扒，用尾巴扫一扫。一个洞口张开来了。雄蝎钻了进去，然后，一点一点地，轻而又轻地把在耐心等待着的雌蝎拉进洞内。不一会儿，它们便不见了踪影。一块沙土垫子把洞门封上，这对情侣入了洞房。

打扰它俩的好事是愚蠢的，我如果想要马上看到洞内所发生的情况的话，那就可能操之过急，不合时宜了。而我已年近八旬，熬长夜已开始让我力不能支。双腿酸痛，眼睛发涩，先去睡上一觉再说吧。

我整整一宿都在梦蝎子。我梦见它们钻进被窝，爬到我脸上，但我并没太惊恐不安，因为我脑子里满是蝎子的奇情异事。第二天天一亮，我便去揭开那块瓦片。只有雌蝎独自待在那儿，雄蝎没了踪影，那个洞里没有，附近也没见。这是我的第一个失望，后面的失望大概会一个接一个的。

五月十日

已是晚上将近七点钟的时候，天上乌云翻滚，大雨将至。在玻璃笼子的一块瓦片下面，有一对蝎子正脸朝脸，手指钩住手指，一动不动地待着。我小心翼翼地揭开瓦片，让这对居民暴露出来，我好随意观察它俩这种脸对脸后的一举一动。天渐渐地黑下来，我觉得不会有什么去搅扰没了屋顶住所的安宁的。倾盆大雨哗哗泻下，我只好抽身回屋避雨。蝎子们有玻璃笼子防护，无惧雨之袭击。它们的凹室被揭去华盖，就这么被弃之于那儿干好事，那它们将如何操作呢？

一小时过后，大雨停了，我又回到蝎子笼前。它俩走了，选了旁边的一所有瓦顶的屋子住下了。雌蝎在外面等待着，雄蝎则在里面布置新房，指头仍旧钩着。家中人每十分钟替换一次，免得错过我觉得随时都会进行的交尾。但这么紧张一点用也没有。将近八点钟时，天已经完全黑透了，这对蝎子由于不满意所选的新房，开始踏上朝圣之路，仍旧是手钩着手，往别处寻觅去。雄蝎倒退着引导方向，选择自己合意的住所；雌蝎则跟随着，温驯服帖。这和我四月二十五日所看到的一模一样。

终于找到了它俩都中意的瓦屋。雄蝎先闯进去，但这一次它两只手一会儿都没有松开自己的情侣。它用尾巴这么三扫两划拉，新房便准备停当。雌蝎被雄蝎轻柔和缓地拉着，随其向导也进了洞房。

两个钟头过去了，我满以为已经给了它俩足够的时间完成好事，便前去查看。我揭开瓦片。它俩就在里面，仍旧原先的姿势，脸对脸，手拉手。今天看上去是没再多的花样儿可看的了。

第二天，依然未见新鲜玩意儿。一个面对另一个，都若有所思的样子，爪子都没有动弹，手指仍旧钩住，在瓦顶下继续那没完没了的脉脉含情。日影西斜，暮色已近，经过这么二十四个钟头的你我紧密相连之后，这对情侣总算分手了。雄蝎离开了瓦屋，雌蝎仍留在其中，好事未见一丝进展。

这场戏中有两个情况必须记住。其一，一对情侣相亲相爱地散步之后，必须有一个隐蔽而安静的住所。在露天地里，在熙熙攘攘的环境中，在众目睽睽之下，这等好事是永远也做不成的。屋瓦揭去，无论白天还是黑夜，无论如何小心谨慎，情侣们似乎思考良久，还是离开原地，另觅新居。其二，在瓦屋中停留的时间是很长很长的，我们刚才已经看到，都等了二十四个小时了，仍未见到决定的一幕。

五月十二日

两只蝎子已经成双配对，但我并未看见它俩是怎么勾搭上的。这一次，雄蝎体形比肚大腰圆的雌蝎要小得多，但雄蝎是雄风不减。像约定俗成似的，雄蝎倒退着，尾巴卷成喇叭状，领着胖雌蝎在玻璃墙边悠然散步。它们转了一圈又一圈，忽而是向同一方向转圈，忽而回过去转圈。

它们常常停下歇息。停下时，二人头碰头，一个稍偏左，另一个稍偏右，仿佛是在交头接耳，窃窃私语。前头的小爪子磨蹭着，像在轻抚对方。它俩在说些什么？那无言的海誓山盟怎么才能翻译出来？

我们全家都跑过来看这种奇特的景象，而且，我们的在场丝毫没有影响它们。那景象让人看着颇有情趣，这么说毫不夸张。在提灯的光亮下，它俩好像嵌在一块黄色琥珀之中的半透明的、光亮的物体。它们长臂前伸，长尾卷成可爱的螺旋形，动作轻柔，一步一步地开始长途跋涉了。于是，不言而喻，雄蝎首先倒退着走进去。时间已是晚上九点钟了。

随着这晚间的田园诗之后的是夜间的惨不忍睹的悲剧。第二天早晨，雌蝎仍在头一天晚上的那片瓦屋内，而瘦小的雄蝎就在其身旁，但已被雌蝎吞食了一部分。它的头、一只钳子、一对爪子没有了。我把这具残尸放在瓦屋门口。整整一个白天，隐居的雌蝎没有动过它。夜色重又浓重时，雌蝎出来了，在门口遇上死者，把死者拖至远处，以便隆重安排葬礼，也就是说把死者吃个

昆虫习性

接连的发现，充分证实了雄蝎子在交配之后被吃掉的命运。同类相食是作者持之以恒仔细观察后，对朗格多克蝎习性的准确判断

干净。

这个同类相食的情况与去年我在昆虫小镇上所看到的情景完全一致。当时，我随时都能发现一只胖乎乎的雌蝎在石块下面津津有味地像吃大餐似的把自己的夜间伴侣给吃掉。当时我就在猜想，雄蝎一旦干完好事之后不及时抽身的话，必定被雌蝎或全部地或部分地吃掉，这要看雌蝎当时的食欲如何。现在，事实就摆在我的面前，我的猜想一语成谶。昨天我看见这对情侣在散步中充分准备之后双双入了洞房，可今天早晨，我跑去看时，在同一块瓦片下面，新娘正在享用自己的新郎哩。

毫无疑问，那不幸的雄蝎已经一命呜呼了。但是，由于种族的繁衍之需要，雌蝎是不会把雄蝎全吃掉的。昨晚的这对情侣处事干净利落，可我还看见其他的一些情侣时针都转了两圈了，可它们仍在耳鬓厮磨，卿卿我我。一些无法确定的环境因素，诸如气压、气温、个体激情的差异等，会大大地加速或延缓交尾高潮的到来。而这也正是巨大困难之所在，使得一心想要了解至今仍未能为人所知的爪梳的作用的观察者，难以准确无误地捕捉时机。

五月十四日

饥饿肯定不是每天晚上都在使我的蝎子们激动不已的原因。它们每晚狂欢劲舞与寻找食物毫不搭界。我刚往那些忙忙碌碌的蝎群扔进花色繁多的食物，都是从它们看样子很对其胃口的食物中挑选的，其中有幼蝗虫的嫩肉段、有比一般蝗虫肉厚肥美的小飞蝗、有截去翅膀的尺蛾。天渐渐暖和时，我还捉一些蜻蜓来喂它们，那是蝎子极爱吃的食物，我还把同样受它们欢迎的蚁蛉捉来喂它们，以前我曾在蝎子窝里发现过蚁蛉的残渣、翅膀。

蝎子们对这么多高级野味蝎子却不为所动，甚至不屑一顾。在混乱的笼子里，小飞蝗在蹦跳，尺蛾以残翅拍打地面，蜻蜓在瑟瑟发抖，但蝎子们从这些野味身旁走过时并不注意它们。蝎子们踩踏它们，撞倒它们，用尾巴把它们扒拉开，总而言之，蝎子们不需要它们，绝对不需要。它们有别的事情要去忙。

几乎所有的蝎子都在沿着玻璃墙行走。有一些固执者试着在往高处爬，它们用尾巴支撑身子，一滑便倒下来，然后在别处试着往上爬。它们伸出拳头击打玻璃墙，它们拼死拼活地非要抢在前头。不过，这个玻璃公园挺宽敞的，人人都有地方待着。小径一条又一条，足可供大家久久地散步。这它们不管，它们要往远处去游荡。如果它们获得自由，就会散布在四面八方。去年，也是这个季节，笼中的蝎子离开了昆虫小镇，我也就再没有见到过它们。

春天交配期要求它们出游。此前一直形单影只地生活着的它们现在要抛开自己的囚牢，去完成爱情朝圣，它们不在乎吃喝，一心只想着去寻找自己的同胞。在它们的领地的砖石堆里，大概也会有一些可以幽会、可以聚集的优选之地。如果我不担心夜间在它们的乱石岗上摔折腿的话，我还真想去看看它们在自由的温馨甜蜜之中的男欢女爱哩。它们在光秃的山坡上干些什么？看上去与在玻璃笼内干的没什么不同。雄蝎选好一位新娘之后，便手牵手地领着新娘穿行于薰衣草丛中，悠然漫步。如果说它们在那儿享受不到我昏暗小灯发出的暗光的话，它们却有月光那无可比拟的提灯为之照亮。

五月二十日

并不是每天晚上都能看到雄蝎邀请雌蝎散步的情景。许多蝎子从各自的瓦屋下出来时都已经成双成对的了。它们就这么手牵着手地度过整个的白昼，一动不动，面面相对，沉思默想。夜晚来临，它们仍不分开，沿着玻璃笼边又开始头天晚上，甚至更早就开始的散步。我不知道它们是何时和怎样结合在一起的，有一些是在偏僻小道上偶然相遇的，我们又很难观察到这一点。当我隐约发现它们时，为时已晚，它们已结伴而行了。

今天，我的运气来了。在我的眼前，提灯照得最亮的地方，一对情侣已结合成了。一只喜形于色、生龙活虎的雄蝎在蝎群中横冲直撞，一下子便同一个它中意的过路雌蝎面对面了。后者没有拒绝，好事也就成了。

它俩头碰头，钳子撑着地，尾巴在大幅度地摆动着；然后，尾巴竖直，尾梢相互钩住，温柔亲切地相互抚摩。这对情侣在拿大顶，其方法我们前面已经叙述过了。不一会儿，竖起的尾巴架拆散了；它们的钳指仍旧钩着，没翻其他花样，就这么上路了。金字塔形姿势完全是双双出行的前奏曲。这种姿势说实在的并非罕见，两只同性蝎子相遇也会如此，但同性间的这种姿势没有异性间的正规，特别是不那么郑重其事的。同性搭建金字塔时动作急躁，并非友爱的撩拨，其两尾是在互相击打而非彼此抚爱。

我们稍稍跟踪一番那只雄蝎。它在急匆匆地往后退，对征服了对方扬扬得意。它遇到其他的一些雌蝎，它们都好奇地，也许是嫉妒地列于两旁，看着这对情侣走过。其中有一只雌蝎猛地扑向被牵拉着的新娘，用爪子箍紧它，想竭力地拆散这对鸳鸯。那雄蝎拼命地抵抗那个进攻者的巨大拖拽力，它使劲儿地摇晃，拼命地拉拽，都未能奏效。它终于放弃了，对这个意外事件并不感到遗憾，旁边就有一只雌蝎等着。这一次，它随便商谈几句，三下五除二地就把事情办妥了，它拉住这个新雌蝎的手，邀它一同散步。后者不干，挣脱开来，逃之夭夭。

那队雌蝎中，又有一只被这只雄蝎相中了，于是它又采取了同样开门见山的方法。这只雌蝎答应了，但是这并不能说明半路上它就不会逃离这个雄性勾引者。对于年轻的雄蝎来说这没什么大不了的！走了一个，还有许多其他的在等着。那它到底要什么样的呢？要第一个投入怀抱的！

这第一个投入怀抱者，它找到了，正领着它的被征服者散步哩。雄蝎走到了明亮区域。如果对方拒绝往前走，它就拼命地又摇又拉；如果对方温驯服帖，它就温文尔雅。它常常停下歇息，有时候歇息得还挺长。

这时，雄性在进行一些奇怪的操练。它把双钳——更好地说是双臂——收回，然后又直伸出去，强迫雌蝎也交替地做这种动作。它俩变成了一个节肢拉杆机械，形成不断启合的状态。这种灵活性训练结束之后，机械拉杆便静止不动，僵持住了。

现在，它俩额头相触；两张嘴相互贴在一起，耳鬓厮磨。这种抚摩亲昵就是人类的接吻和拥抱。只是我不敢这么说而已，因为它们没有头、脸、嘴唇、面颊。仿佛被截肢剪一刀剪去了似的，蝎子甚至都没有鼻子尖。在应该是面庞的部位，它们长的却都是一些丑陋的颌骨平板。

但此时此刻是蝎子最美好的时刻！它用自己那比其他爪子更敏感、更娇嫩的前爪轻拍着雌蝎的丑脸，可在雄蝎眼里，那可是最美丽最甜润的面庞。它心痒难熬地轻轻咬着，用下颌搔弄对方那同样奇丑无比的嘴。这是温情与天真的最高境界。据说鸽子发明了亲吻，可我却知道早于鸽子的发明者：蝎子。

雌蝎任随雄蝎轻薄，它完全是被动的，心里暗藏着伺机逃跑的计划。可是如何才能溜掉呢？这很简单。雌蝎以尾做棒，朝着忘乎所以的雄蝎腕子猛然一击，后者立即松开了手。于是，两蝎分开。第二天，气消之后，好事又会开始的。

五月二十五日

这猛然一棒告诉我们，最初观察所见的温驯的雌蝎伴侣有自己的小性子，会固执地拒绝对方，说翻脸就翻脸。我们来举一个例子。

这天晚上，一对俊男美女、雌雄二蝎正在散步。它俩发现一片瓦甚为合意。雄蝎于是便松开一只钳子，仅松开一只，以便活动自如。它用爪子和尾巴开始扫清入口。然后，它钻了进去。随着洞穴逐渐加宽加深，雌蝎便也跟着钻了进去，看上去是自觉自愿的。

不一会儿，也许是住宅和时间不合其意，雌蝎出现在洞口，半截身子退至洞外。它在努力挣脱雄蝎。后者身在洞内，拼命地在往里拉拽雌蝎。争斗十分激烈，一个在里面拼命拽，另一个在外面使劲儿挣。双方有进有退，不分胜负。最后，雌蝎猛一用力，反把雄蝎给拽了出来。

这两人没有分开，但已到了室外，又开始散起步来。足足一个钟头里，它俩沿着玻璃笼墙根走过来、走

科学研究方法

从四月二十五日到五月二十五日，法布尔连续一个月对雌雄朗格多克蝎求爱、交配活动等进行细致的观察、记录和分析，终于得出了结论。这种书写观察日记的研究方法更加准确地验证了他之前的猜想，值得我们在学习生活中借鉴运用。

过去，最后又回到了刚才那片瓦前。穴道本已开通，雄蝎立即钻了进去，然后便疯狂地拉拽雌蝎。后者身在洞外，奋力地抗争着。它挺直足爪，踩住地面，拱起尾巴，顶住屋门，就是不肯进去。我觉得它的反抗并不让人扫兴。如果没有前奏曲进行铺垫，那交尾还有什么劲儿呢？

这时，瓦片内的雄蝎勾引者一再坚持，耍尽花招，雌蝎终于顺从了，进入洞内。钟刚敲十点。我哪怕熬上一整夜，也非要看到剧终不可。我将在合适的时机揭开瓦片，看看下面发生了什么。好机会十分罕见。突然，机会来了，我不敢怠慢。我会看到什么呢？

什么也没看到。刚过不到半个钟头，雌蝎反抗成功，挣脱束缚，爬出洞外，落荒而逃。雄蝎随即从瓦片下深处追了出来，到了门口，左顾右盼。美人逃出了它的手心，它只好灰溜溜地回到瓦片下。它上当受骗了，我同它一样被骗了。

六月开始到来。由于担心光线太强会引起蝎子的惶恐不安，我此前一直都是把提灯挂在玻璃笼子外面，与之保持一定的距离。由于光线不足，我无法看清在散步的蝎子情侣你牵我拽的某些细节。它们彼此手拉手时是否十分主动积极？它们的钳指是否相互咬合着？或者只有一个采取主动？那么是哪一个呢？这一点很重要，必须弄清楚。

我把提灯放在玻璃笼子的正中间。笼子内四处都照得亮堂堂的。蝎子们非但不害怕亮光，还乐在其中。它们围着提灯跑来转去，有的甚至还试图爬上提灯，好离光源更近一些。它们借助玻璃灯罩倒是爬上去了。它们抓住的铁片的边缘，坚韧不拔，不怕滑落，终于爬到了顶上。它们待在上面一动不动，肚子部分贴在玻璃罩上，部分贴在金属框架上，整个夜晚都在看个没完，为这灯的辉煌而叹服。它们让我想起了以前的那些大孔雀蝶在灯罩上的得意忘形劲儿来。

在灯下的一片光亮处，一对情侣正抓紧拿大顶。它俩用尾巴温情地撩拨一番，然后便往前走去。雄蝎在采取主动，它用每把钳子的双指夹住雌蝎与之相对应的双指。只有雄蝎在努力，在夹紧；雄蝎想解套就解套，双钳一松，套就解开了。雌蝎则无法这样，雌蝎是俘虏，勾引者已经为它戴上了拇指铐。

在一些较为罕见的情况中，我们还可以看得更清楚一些。我曾偶然发现过雄蝎抓住其美人的两只前臂往前拉拽，我还见过雄蝎抓住雌蝎的尾巴和一只后爪生拉硬扯。雌蝎先是拼命推开雄蝎伸出的爪子，而毫不惜力的雄蝎猛地把美人掀翻，顺势伸爪抓住对方。事情是明摆着的：这是货真价实的劫持，是暴力拐带，如同罗慕鲁斯王的部下抢掠萨宾妇女一样[1]。

本篇选自原著第九卷

---

[1] 根据传说，罗慕鲁斯是罗马城的创建者，第一位古罗马国王。萨宾人则是意大利境内的古代民族。

昆虫的装死行为

　　我研究昆虫装死的情况时，第一个被我选中的是那个凶狠的剖腹杀手——大头黑步甲。让这种大头黑步甲动弹不了非常容易：我用手捏住它一会儿，再把它在手指间翻动几次就可以了。还有更加有效的办法：我捏住它，然后把手一松，让它跌落在桌子上，在不太高的高度下，让它摔这么几次，让它感到碰撞的震动，如果必要的话，就多让它摔几次，然后，让它背朝下，仰躺在桌子上。

　　大头黑步甲经这么一折腾，便一动不动，如死掉一般。它的爪子蜷缩在肚腹上，两条触须软塌塌地交叉在一起。两个钳子都张开着。在它的旁边放上一只表，这样，实验的起始与结束时间就可以准确地记录下来。这之后，只有等待，还得静下心来，耐心地等待着，因为它静止不动的时间是非常长的，让人等得心烦，没有耐心是成功不了的。

　　大头黑步甲的静止状态保持得很长，有时竟然长达五十分钟，一般情况之下，也得有二十分钟左右。如果不让它受到外界的影响，比如，这种实验正好是在盛夏酷暑时进行，我就把它用玻璃罩扣住，避开了大热天里的常客——苍蝇的骚扰，那么，它的静卧状态就是真正的完全的静止状态：无论是跗骨也好，触须也好，还是触角也好，都毫不颤动，看上去，它就像是僵死在桌子上了似的。

　　最后，这只看似死了的大头黑步甲复活了。前爪跗节开始在微微颤动，随即，所有的跗骨全颤动起来，触须、触角也跟着在慢慢地摇来摆去。这就证明它确实复活了，它的腿脚随后也跟着乱划、乱踢起来。它的身体在腰带紧束住的地方稍稍弓起，接着重心落在头和背上，然后，它猛一用力，身子便翻转过来了。此刻，它便迈开小碎步，跑动起来，仿佛知道此处危险重重，必须逃离险区。假如我又把它抓住，它便立刻装起死来。

　　我趁此机会又做了一次实验。刚刚复苏的大头黑步甲再一次静止不动了，依旧是背朝下地仰躺着。这一次，它装死的时间要比第一次来得长。当它再次苏醒时，我进行了第三次同样的实验。随后，我对它进行了第四次、第五次实验，一点喘息的机会都不留给它。它静卧的时间在逐渐地延长。根据我所记录下来的静卧时间，分别为十七分钟，二十分钟，二十五分钟，三十三分钟，五十分钟。

我做了许多次类似的实验，虽然结果不完全相同，但基本上有一个共同点：昆虫连续假死时，每一次的持续时间都不相同，长短不一。这个结果使我们得知，通常情况之下，如果实验连续多次进行的话，大头黑步甲会让自己假死的时间一次比一次长。这是不是说明它一次比一次更适应这种假死状态呢？这是不是说明它变得越来越狡猾，企图让敌人最后终于丧失了耐心？对此我一时尚无法做出定论，因为我对它的探究还很不够。要想探出它真的是在耍手腕，真的是在做假蒙人，蒙混过关，就必须采取一种非常聪明的试探方法，揭穿这个骗子骗人的招数。

接受试验的大头黑步甲躺在桌子上。它能感觉得出自己身子下面压着的是一块坚硬的物体，想要向下挖掘，根本就不可能。挖掘一个地下隐蔽室，对于大头黑步甲来说简直是小菜一碟，因为它掌握着快捷强劲的挖掘工具。然而，自己身下却是一块硬东西，毫无挖掘的可能，所以它无可奈何，只能忍气吞声地静静地躺在那儿，一动不动，必要的话，它甚至可以坚持一小时。如

巧设悬念

多次实验表明，大头黑步甲装死的时间一次比一次长，法布尔对这种现象的原因进行了猜测。两种猜测既与读者的兴趣点相吻合，更让装死的原因成为悬念，吸引读者继续追随法布尔的观察探寻答案。

修辞运用

"无可奈何""忍气吞声"运用拟人手法写出了大头黑步甲复杂的内心活动，大头黑步甲陷入窘困的境地，十分无助，纵然有许多气愤与委屈，也很难逃脱。拟人手法的运用让昆虫的性格特征变得更加可亲可爱，也让整部作品的文学性大大提升。

果躺在沙土地上的话，它立即就能感觉到下面是松松散散的沙粒。在这种情况之下，它还会傻乎乎静静地躺着，不想法尽快逃之夭夭？难道它连扭动腰身都不想？没有一点往沙土地里钻的意思？

我真的希望它会有所转变，产生逃跑的念头。但是，最后，我知道自己的想法错了。无论我把它放在木头上、玻璃上、沙土上，还是松软的泥土地上，它都不改变自己的战略战术。在一片对它来说挖掘起来极其容易的地面上，它照样是静卧着不动弹，同在坚硬物体上躺着时一模一样。

大头黑步甲对不同材质物体表面采取了同样态度，并不厚此薄彼，坚持一视同仁，这一点对我们的疑惑不解稍微地敞开了一点门缝。接下来所发生的事情令这扇门大大地敞开来了。接受实验的大头黑步甲躺在我的桌子上，离我很近，可以说是就在我的眼皮子底下。我发现它的触角在半遮挡着它的视觉，但它的那两只贼亮的眼睛看见了我，它在盯着我，在观察着我。面对着我这么个庞然大物，这个昆虫的视觉会有什么样的感应呢？

我们就认为这个正盯着我的昆虫把我看作欲加害于它的敌人吧。这样的话，只要我待在它的面前，这个生性多疑的昆虫就会一动不动地躺着。如果它突然又恢复活动了，那它肯定是认为已经把我耗得差不多了，让我已经完全失去了耐心。那么，我还是先躲到一边去。既然它面前的这个庞然大物已经离开了，它也就用不着再装死，耍这种花招也没什么意义了，所以，它就会立刻翻转身子，急急忙忙地溜之大吉。

我走出十步开外，到了大房间的另一头，隐蔽好，不弄出任何的动静。但是，我的这番谨慎小心的心思都白费了，我的那只昆虫仍旧待在原地，没有一点动静，就这么静静待了好长时间，跟我在它的近旁待的时间一样长。

它真够狡猾的，想必它是发觉我仍旧待在这间房间里了，只是待在房间的另一头罢了。这也许是它的嗅觉在告诉它我并没有离去，一计不成，我就另生一计。我把它用钟形罩给扣住，不让讨厌的苍蝇去骚扰它，然后，我便走出房间，到花园里去了。房间的门窗都紧闭着，屋外的声音传不进去，屋内也没有什么会惊扰它的，总之，一切会令它感到惊恐的东西，都远离了它。在这么安静而不受骚扰的环境中，它会有什么反应呢？

实验的结果是，假死的时间与平时情况之下完全一样，既未增加也未减少。二十分钟过去了的时候，我进屋里去查看了一下，四十分钟过去的时候，我又进屋里去查看了一番，但是，情况没有发生任何的变化，它仍旧是仰面朝天，一动不动地原地躺着。

这之后，我又用几只虫子做了相同的实验，但其结果都很明确地证明，它们在装死的过程中，并没有任何令它们感到危险的东西存在，在它们的周围，既没有声音，又没有人或其他昆虫。在这种情况之下，它们仍然一动不动，那想必并不是在欺骗自己的敌人。这一点得到肯定之后，我便推测其中必然是另有原因的。

那它究竟为何采取这种特殊伎俩来保护自己呢？一个弱者、一个得不到保护的不惹是生非的人，在必要之时，为了生存而采取一些诡计，这是可以理解的；但它可是一个浑身甲胄、崇尚武力的家伙，为什么要采取这种弱者的手段，对此我感到很难理解。在它所出没的势力范围内，它是打遍天下无敌手的。强悍的圣甲虫和蛇金龟，都是生性温厚的昆虫，它们非但不会去骚扰它，欺侮它，相反，倒是它食品储存室里源源不断的猎物。

我又开始怀疑，是不是鸟儿对它构成了威胁？可是，它同步甲虫的体质相同，身体里浸透着一股刺鼻恶心的气味，鸟类闻了是绝不敢把它吞到肚子里去的。再说，它白天都躲藏在洞穴里，根本就不到洞外来，谁也见不到它，谁也不会打它的歪主意。而到了天黑之后，它才爬出洞外，可夜里鸟儿归林，河边已无鸟儿的踪影了，它也就根本不存在有被鸟类一口啄到之虑。

这么一个对蛇金龟，有时也对圣甲虫进行残杀的刽子手，这么一个并没有谁敢碰它的可恶而凶残的家伙，它怎么就一遇风吹草动便立刻装死呢？我百思不得其解。

我在这同一片河边地带，发现了同时在此居住的抛光金龟，也叫光滑黑步甲的昆虫，它给了我启迪。前面所说的大头黑步甲是个巨人，相比之下，现在所提到的同是这片河边的主人的抛光金龟就是个侏儒了。它们体形相同，同样是乌黑贼亮，同样是身披甲胄，同样是打家劫舍为生。但是，相比之下算是侏儒的抛光金龟，虽然远不如其巨人同类的火力强，但它并不懂得装死这个诡计。你无论怎么折腾它，把它背朝下放在桌子上，它会立即翻转过来，拔腿就跑。我每次试它，也只能看到它背朝下静止不动个几秒钟而已。只有一次，我实在是把它折腾得够呛，它总算是假装死去地待了一刻钟。

这侏儒与巨人的情况怎么这么不同呀？巨人只要一被弄得仰面朝天，它就静止不动了，非要装死一个钟头

写作方法

这里采用对比的手法将两种昆虫进行比较。抛光金龟是侏儒，但它并不装死，这与大头黑步甲这个巨人装死的行为形成巨大反差。这种强烈的对比让人们对大头黑步甲长时间装死的原因更加好奇。

之后才翻身逃走。强大的巨人采取的是懦夫的做法，而弱小的侏儒则是采取立即逃跑的做法，二者反差这么大，其原因究竟在哪里呢？

于是，我便试试危险情况会对它产生什么样的影响。当大头黑步甲背朝下腹朝上一动不动地静躺着的时候，我在想，让什么敌人出现在它的面前好呢？可我又想不出它的天敌是什么，只好找一种让它感到是个来犯者的昆虫。于是，我便想到嗡嗡叫的苍蝇了。

大热天里做实验，苍蝇嗡嗡地飞来飞去，真的是让人心里很烦。如果我不给大头黑步甲罩上钟形罩，我也不在它的身边守着，那么，讨厌的苍蝇肯定是会飞落在我的实验对象的身上，这样，苍蝇就会帮上忙了，可以替我探听一下装死的大头黑步甲的虚实了。

当苍蝇落在大头黑步甲身上，刚刚用自己的细爪挠了挠装死的它几下，它的跗节便有了微微颤动的反应，仿佛因直流电疗的轻微振荡而颤抖一样。如果这个不速之客只是路过，稍作停留，随即离去的话，那么，这细微的颤动反应很快便会消失；如果这位不速之客赖着不走，特别是，又在浸着唾液和溢流食物汁的嘴边活动的话，那么，受到折腾的大头黑步甲就会立即蹬腿踢脚，翻转身子，逃之夭夭。

它也许觉得，在这么个不起眼的对手面前要花招实在没有必要，有伤自尊。它又翻转身子离去，是因为它明白眼前的这个骚扰者对自己并不构成什么威胁。看来，我们得另请高明，让一个力量强大、身材魁梧、让人望而生畏的讨厌的昆虫来试探一下大头黑步甲了。正好，我喂养着一只天牛，爪子和大颚都十分厉害。天牛这种带角的昆虫，我知道它是性情平和的，但大头黑步甲并不了解这个情况，因为在它所出没的河边地带，从来就没有出现过天牛这种大个儿昆虫。说实在的，看上去，这长角的天牛真的会让蛮横的虫类望而生畏，退避三舍。对陌生者本来就存有的一种恐惧感，一定会让情况复杂起来的。

我用一根稻草秆儿把天牛引到大头黑步甲旁边。天牛刚把爪子放到静静地仰卧着的那个家伙的身上，它的跗节便立即颤动起来。如果天牛非但不把爪子挪开，而且老在它的身上摸来挠去，甚至转而变成一种侵犯的姿态，那么，如死一般躺着的大头黑步甲便一下子翻转身子，仓皇地溜走。这情景，与双翅目昆虫骚扰它时一模一样。危险就在眼前，再加上对陌生者所怀有的恐惧感，它当然会立即抛弃装死的骗术，逃命要紧。

我又做了一种实验，结果也颇让我感到欣慰。大头黑步甲仰躺在桌子上装死，我便用一件硬器物轻轻敲击桌腿，让桌子产生微微的颤动。但不能猛敲，免得桌子发生摇晃。我注意掌握力量的大小，让桌面产生的颤动仿佛是一种弹性物体所产生的颤动一样。用力过大，会惊动大头黑步甲的，它就不会保持其僵死状态了。我每轻敲一下，它的跗节便蜷缩着颤动一会儿。

　　最后，我们再来看看光线对它所产生的影响。到目前为止，我的实验对象都是待在我书房那弱光环境中接受我的实验的，并未接触到直射进来的太阳光。此刻，我书房的窗台已经洒满阳光。我要是把我的实验对象移到阳光充足的窗台上去，让这个静卧着一动不动的昆虫接触一下强光，它会有何反应呢？我刚往窗台这么一移，效果立即产生：大头黑步甲腾地翻转身子，拼命奔逃。

　　现在，真相大白了。吃尽苦头、被折腾得够呛的大头黑步甲，已经把自己的秘密吐露出来了。当苍蝇戏弄它，舔它沾有黏液的嘴唇，把它当作一具尸体，想吸尽所有可口的汁液的时候；当它眼前出现了那个让它望而生畏的天牛，爪子已经伸到它的腹部，像是要占有一个猎物的时候；当桌子发生轻微的震颤，它以为是大地传

修辞运用

　　这段文字使用了排比句式，列举出让大头黑步甲放弃装死、迅速逃跑的四种情况：被吞食的危险、被猎获的恐惧、感到周遭危险来袭、强光照射

来的震颤，断定有敌人在自己的洞穴附近挖掘，将要来袭的时候；当强烈的阳光照射到它的身上，对自己的敌人十分有利，而对喜欢昏黑的它不利，以为自己的安全受到威胁的时候，它就会立即做出反应，抛弃装死的骗术，立即逃命。但是，当一种灾祸对它构成威胁的时候，它通常采取它那装死的惯技，以骗过敌人。所以说，装死是它的看家本领。

在我以上所提及的那种危在旦夕的时刻，我的实验对象是在战栗，而不是继续在装死。在这类危险之下，它已经是方寸大乱了，慌不择路地拼命逃遁。它那一贯的伎俩已经不见了踪影，确切地说，它根本就无计可施了。所以说，它的静止不动，并不是装出来的，而是它的一种真实状态，是它的复杂的神经紧张反应造成它一时间陷于动弹不得的状态之中。随便一种情况都会让它极度地紧张起来，随便一种情况都可以让它解除这种僵直状态，特别是受到阳光的照射，阳光是促发活力的无与伦比的强烈刺激。

我觉得，在受到震动后长时间保持静止状态的方面，可以与大头黑步甲相提并论的是吉丁中的一种，即烟黑吉丁。这种昆虫个头儿不小，浑身黑亮，胸甲上

解开悬念

遇到危险时，大头黑步甲一动不动的状态看似是"装"死，实际是由"真"的紧张、恐惧导致的动弹不得。原来，我们错怪大头黑步甲了。

说明方法

这里举烟黑吉丁的例子，进一步说明昆虫的装死行为，后文具体介绍烟黑吉丁的装死表现和原因。阅读时，注意将烟黑吉丁的行为和大头黑步甲进行比较，你会收获更多关于昆虫的知识。

有白粉，喜欢在刺李树、杏树和山楂树上待着。在某些情况之下，你有可能发现它把爪子紧紧地收拢起来，触角耷拉着，仿佛僵死了一般，而且可以保持一个多小时这种状态。而在其他的情况之下，它总是一遇危险便迅速逃走；从表面上看，是气候因素在起作用，但我并没明白气候到底暗暗地发生了什么变化。在这种情况之下，一般来说，我只发现它僵直状态只是保持一两分钟而已。

烟黑吉丁在光线暗淡的地方一动不动，可我把它一移到充满阳光的窗台上，它立刻就恢复了活力。在强烈的阳光下只待几秒钟，它便把自己的一对鞘翅裂开，作为杠杆，骨碌一下，就爬了起来，想立刻飞走，好在我眼疾手快，一把便摁住了它，没让它逃掉。这是一见到强光就惊喜，晒着太阳就狂热的昆虫，一到午后炎热的时候，它便趴在刺李树上晒太阳，如痴如醉，快活极了。

看见它如此地喜欢酷热，我立刻便产生一种想法：如果在它装死的时候，立刻给它降温，那它又会做出何种反应呢？我猜想它会延长其静止状态。但这种方法使不得，因为一旦降温，有越冬能力的昆虫可能会被冻得麻木，随即会进入冬眠状态。

我现在需要的不是烟黑吉丁的冬眠，而是要它保持充沛的活力。所以，我要让它处于徐缓的、有节制的降温状态，要让它像在相似的气候条件下一样，依然具备它平时那样的生命行为方式。于是，我动用了一种很合适的保冷材料——井水。我家的那口水井，夏季里，水温要比外面气温低十二度，清凉清凉的。

　　我用惊扰的方法，把一只烟黑吉丁折腾得处于僵缩状态，然后，让它背朝下地躺在一只小的大口瓶底上，再用盖子把瓶口盖紧盖严，放进一个装满冷水的小木桶里。为了使桶里的水保持其低温，我不断地往桶里加井水。在加入新的井水时，我小心翼翼地先把原来桶内的井水一点一点地去掉，动作必须轻而又轻，否则便会惊动瓶子里的昆虫。

　　结果十分理想，我并没白费心思。那只烟黑吉丁在水中的瓶子里待了五个小时，都没有动弹一下。五个小时可不算短，而且，如果我再这么实验下去，它可能还会坚持很长时间的。但是，五个小时已经很不错了，很能说明问题了，绝不要以为它这是在耍花招。毫无疑问，它此时此刻并不是在故意装死，而是进入了一种昏昏沉沉的麻木状态，因为我一开始把它折腾得只好以装死来对付，后来嘛，降温的方法又给它造成一种超乎寻常的延长休眠状态的条件。

我对大头黑步甲也采取了这种井水降温法，但它的表现不如烟黑吉丁，在低温下保持休眠状态的时间没有超过五十分钟。五十分钟不算稀奇，以往没有用降温法时，我也发现过大头黑步甲静卧过这么长时间的。

现在，我可以下结论说，吉丁类昆虫喜欢灼热的阳光，而大头黑步甲是夜游者，是地下居民。因此，在进行"冷水处理"时，吉丁与大头黑步甲的感受就不尽相同。温度降低之后，怕冷的昆虫会惊魂不定，而习惯于地下阴凉环境的昆虫则不以为意。

我继续沿着降温的这一思路进行了一些实验，但并未发现什么新的情况。我所看到的是，不同的昆虫在低温下保持休眠状态的时间之长短，取决于它们是追求阳光者还是喜欢阴暗者。现在，我再换一种方法来试一试看。

我往大口瓶里滴上几滴乙醚，让它挥发，然后，把同一天捉到的一只粪金龟和一只烟黑吉丁放进瓶里。不多一会儿，这两只试验品便不动弹了，它们被乙醚给麻痹了，进入了休眠状态。我赶紧把它们取了出来，背朝下地放在正常的空气之中。

它俩的姿态与受到撞击和惊扰后的姿态一模一样。烟黑吉丁的六只足爪，很规则地收缩在胸前；粪金龟的足爪则是摊开来的，不成规则地叉开着。它们是死是活，一时还说不清楚。

其实，它们并没有死。两分钟后，粪金龟的跗节便开始在抖动，口须在震颤，触角在缓缓地晃动。接着，前爪活动起来。又过了将近一刻钟，其他爪子也都乱摇动开来。因碰撞震动而采取静止状态的昆虫，很快就会恢复动态的。

但烟黑吉丁如死一般地躺着，好长时间也不见它动弹，一开始，我真的以为它死了。半夜里，它恢复了常态，我是第二天才看到它已经像平时一样地在活动的。我在乙醚尚未充分发挥效力之前，便及时地停止了这种实验，所以没有给烟黑吉丁造成致命的伤害。不过，乙醚在它身上所起的作用要比在粪金龟身上所起的作用严重得多。由此可见，对碰撞震动和降低温度比较敏感的昆虫，同样对乙醚所产生的作用很敏感。

敏感性上的这种微妙的差异，说明了为什么我用同样的撞击和手捏方法使两种昆虫处于静止不动状态之后，它们的表现会有这么大的区别。烟黑吉丁静卧姿态

人文精神

这句话呼应上文的"不多一会儿，这两只试验品便不动弹了……我赶紧把它们取了出来，背朝下地放在正常的空气之中"。由此看出，法布尔非常担心烟黑吉丁在乙醚作用下发生危险，虽然实验很重要，但在法布尔心中，昆虫的生命更为重要，他的研究是以尊重昆虫生命为前提的，他对昆虫自始至终保持的这份爱心令人尊敬，令人动容。

保持近一个小时，粪金龟则只待了两分钟就在摇晃自己的足爪了。直到今天为止，我只是在少有的情况之下，才见到粪金龟能坚持两分钟的静卧姿态。

烟黑吉丁体形大，且有坚硬的外壳在保护身体，它的外壳硬得连大头针和缝衣针都扎不透。既然如此，为什么它那么爱装死，而无坚硬外壳保护的小粪金龟却无须装死来保护自身呢？这种情况，在不少的昆虫身上都是存在的。各种昆虫当中，有些会长时间地一动不动，有的却坚持不了一会儿。仅依照接受实验的昆虫的外形、习性来预先判断其实验结果，是完全不可能的。譬如，烟黑吉丁一动不动的时间保持得很长，那么，就可以断定与它同属的昆虫，因其类别相同，一定同烟黑吉丁的表现是一样的吗？我碰巧捉到了闪光吉丁和九星吉丁。我在对闪光吉丁做实验时，它硬是不听我的指挥。我把它背朝下地按住，它就拼命地抓我的手，抓住我捏着它的手指，只要让它的背一着地，就立即翻过身来。而九星吉丁却不用费劲儿就能让它静卧着不动了，只是它装死的时间太短了！顶多就是四五分钟而已！

我在附近山间碎石下经常可以发现一种墨纹甲虫，身子很短小，且有一股怪味。它能持续一个多小时一动不动，可以与大头黑步甲相提并论了。不过，必须指出，在大多数情况之下，它只坚持几分钟的僵死状态，然后立即恢复常态。昆虫能长时间地坚持一动不动，是不是它们喜欢暗黑的习性造成的？完全不是，我们看一看与墨纹甲虫同属一类的双星蛇纹甲虫就十分清楚了。双星蛇纹甲虫后背滚圆滚圆的，仰身翻倒后，立即便翻过身来。还有一种拟步行虫，脊背扁平，身体肥实，鞘翅因无中缝而无法帮它翻身，因此，静止不动，装死一两分钟之后，便在原地仰卧着拼命踢蹬、挣扎。

鞘翅目昆虫因腿短，迈不了大步，逃命时速度不快，因此，它应该比其他昆虫更加需要以装死来欺骗敌人，但实际上并非如此。我逐一地观察研究了叶甲虫、高背甲虫、食尸虫、克雷昂甲虫、碗背甲虫、金匠花金龟、重步甲、瓢虫等一系列昆虫，它们都是静止几分钟，甚至几秒钟，便立即恢复了活力。还有不少种类的昆虫，根本就不采取装死这一招。总之，没有任何的昆虫指南可以让我们事先就能断定，某种昆虫喜欢装死，某种昆虫不太愿意装死，某种昆虫干脆拒绝装死。如果不经过实验就先下断言，那纯粹是一种主观臆测。

本篇选自原著第七卷

科学精神

严谨、求真、务实是科学研究永恒的主题。所有结论都源于反复多次的实验，而非主观猜测与假想。科学如此，学习亦然。

名师指导整本书阅读·必备考题册

昆虫记

经典名著阅读　　名著真题演练　　全方位掌握考点

名师指导 整本书阅读

名著大通关

一、作品文学常识

1.《昆虫记》共有（　　　）卷。

A. 八　　　　　　B. 九　　　　　　C. 十　　　　　　D. 十一

2. 下列有关《昆虫记》的表述错误的是（　　　）。

A. 作者法布尔是一位严谨、细致、热爱生命、珍爱自然的昆虫学家。

B. 这本书主要描写了昆虫的本能习性、劳动、婚恋、繁衍和死亡等生活场景，表达了作者对生命的关爱之情，充满了对自然万物的赞美之情。

C.《昆虫记》一书既是科普著作，也是文学经典。

D.《昆虫记》是法国著名动物行为学家法布尔所著，他用虫性对照人性，又用人类的事例反观昆虫的行为，被誉为"昆虫的史诗"。

3. 法国著名昆虫学家法布尔被誉为（　　　）。

A. "昆虫界的荷马"

B. "昆虫界的圣人"

C. "昆虫至圣"

D. "昆虫界的托尔斯泰"

4. 下列说法有误的一项是（　　　）。

A. 诗歌偏重于抒情言志，诗歌的情感往往寄托在鲜明独特的意象

1

上，通过意象营造出生动感人的意境。

B. 杨绛先生于 2016 年 5 月 25 日辞世，她在叙事散文《老王》中记叙了与老王的交往经历，表达了她对老王深切的愧怍之情，也表现了一个知识分子可贵的自省精神。

C. 古代跟年龄相关的称谓很多，如"垂髫"，指小孩；"花甲"，指六十岁的老人；"加冠"，指年已二十的成年男子。

D. 法国博物学家法布尔的《昆虫记》，既是优秀的科普著作，也是公认的文学经典。课文《马》即选自其中。

二、作品人物形象

1. 在《昆虫记》中，法布尔不但仔细观察食粪虫劳动的过程，而且不无爱怜地称这些食粪虫为_____。

2. 下列有关《昆虫记》的表述错误的是（　　　　）。

A.《昆虫记》的作者是法布尔，全文以第一人称叙述，主要人物"我"就是作者法布尔。在文中，"我"是一个善于观察、心思细腻、非常富有爱心和科学探索精神的人。

B. 法布尔在热爱昆虫、亲近昆虫和了解昆虫的过程中，始终恪守"事实第一"的原则。他从来不走轻松简单的捷径，也不轻易相信权威学说。他相信科学、注重观察和尊重真相。他最大的兴趣就在于探索生命世界的真面目，发现自然界蕴含着的科学真理。正是凭借着这种求真精神，才有了传世佳作《昆虫记》。

C. 法布尔的心中充满了对生命的关爱之情和对自然万物的赞美之

情，正是这种对于生命的尊重与热爱的敬畏之情，给这部普普通通的科学著作注入了灵魂。他以人文精神统领自然科学的庞杂实据，以人性观照虫性，使昆虫世界成为人类获得知识、趣味、美感和思想的文学形态。

D. 法国著名昆虫学家法布尔在极其艰苦的环境下写下了《昆虫记》这部传世佳作，也因此被称为"昆虫界的托尔斯泰"。

三、作品主要内容

1. 下列关于名著内容的表述，不正确的一项是（   ）。

A.《昆虫记》中的蝉要在地下潜伏四年，才能钻出地面，在阳光下歌唱五个星期；蜜蜂因为惦念着小宝贝和丰富的蜂蜜，可以凭借一种不可解释的本能飞回巢中，而这种本能正是我们人类所缺少的。

B.《童年》的主人公阿廖沙三岁时因丧父而寄居到外祖父家，过着悲凉凄苦的生活。每次阿廖沙挨打时，小伙子茨冈总把胳膊伸出去帮他挡着，阿廖沙非常爱他，但遗憾的是，茨冈不幸被十字架压死了。

C.《家》中的觉新是高公馆的长孙，为尽长房长孙的责任，被剥夺了学业与爱情。觉慧是高家青年一代中最激进、最富有斗争精神的人，他积极参加学生运动、公开支持觉民抗婚，大胆地和丫头鸣凤恋爱，最后走上彻底叛逆的道路。

D.《鲁滨孙漂流记》记叙了鲁滨孙为实现遨游世界的梦想，出海航行，历尽艰险的故事。他在"风暴中偏航"，又于"麦田里获救"，"流落荒岛"后自己"制造粮食和面粉",是个喜欢冒险、渴望自由、刚毅勇敢的航海家。

2. 下列关于文学名著的表述有误的一项是（   ）。

A."舌战群儒""草船借箭""七擒孟获"等情节，刻画了一个深谋远虑、博学多才的儒将形象，诸葛亮也因此成为读者喜爱的智者化身。

B."像秋风扫落叶一样地对待敌人，是螳螂永不改变的情感。"正因为法布尔喜欢赋予昆虫以人的情感,《昆虫记》才让读者如此痴迷。

C. 受泰戈尔《飞鸟集》的影响，冰心写出了"墙角的花 / 你孤芳自赏时 / 天地便小了"这首明白晓畅、晶莹明丽的哲理短诗，赞扬了母爱的伟大。

D.《骆驼祥子》通过祥子"三起三落"的人生经历，讲述了他在北京拉洋车的苦难生活和悲惨遭遇，无情地批判了那个不让好人有出路的黑暗社会。

3. 下列有关《昆虫记》的表述错误的是（   ）。

A.《昆虫记》描写的是昆虫在为生存而斗争中所表现出的妙不可言的、惊人的灵性。作者将昆虫拟人化，生动形象而且具体地为读者展现了微小的昆虫世界中的一幕幕，不仅体现了昆虫的特点、习性，还表达了作者对各种昆虫特有品行的赞美和对生命的热爱。

B.《昆虫记》第一章主要讲的是"大地的清洁工"圣甲虫的故事，作者通过描写圣甲虫选择充满危险的斜坡路运送粪球，来表现圣甲虫不气馁、不放弃的精神。

C.《绿蝈蝈》是一篇妙趣横生的科学小品文，作者在第一段就开门见山地引出主人公蝈蝈，之后用活泼的语言详细介绍了蝈蝈的生活习性，字里行间洋溢着作者对生命的尊重和热爱。

D.《昆虫记》用通俗易懂、生动有趣和散文化的笔调，深入浅出地介绍了作者所观察和研究的昆虫的外部形态、生活习性，真实地记录了几种常见昆虫的本能、劳动、死亡等。既表达了作者对生命和自然的热爱与尊重，又传播了科学知识，体现了作者观察细致入微、孜孜不倦的科学探索精神。

四、作品阅读鉴赏

1. 请阅读下面的名著选段，回答问题。

"几乎每次进餐后，它（蓝图拉毒蛛）都要整理一下仪容。譬如用前腿上的跗节把触须和上颚里里外外清扫干净。"

"嗉囊装满后，它（绿蝈蝈）用喙尖抓抓脚底，用沾着唾液的爪擦擦脸和眼睛，然后闭着双眼或者躺在沙上消化食物。"

上述两段文字均选自《＿＿＿＿＿》，分别描写的是蓝图拉毒蛛和绿蝈蝈进食后的＿＿＿＿＿，说明了昆虫也同人类一样有着＿＿＿＿＿的良好习惯。

2. 请阅读下面的名著选段，回答问题。

"有这样一只不知危险无所畏惧的灰颜色的蝗虫，朝着那只螳螂迎面跑了过来。……螳螂把它的翅膀极度张开，它的翅竖了起来，并且直立得好像帆船一样。翅膀竖在它的后背上，螳螂将身体的上端弯曲起来，样子很像一根弯曲着手柄的拐杖，并且不时地上下起落着。"

（1）这段文字出自法国昆虫学家法布尔的《＿＿＿＿＿＿＿》，我们在初中阶段还学过他的一篇文章《＿＿＿＿＿＿》。

（2）本选段细致入微地刻画了螳螂＿＿＿＿＿＿的动作，生动地表现了螳螂＿＿＿＿＿＿的特点。

五、综合训练

1.下列有关名著文学常识的表述错误的是（　　　）。

A.《海底两万里》这部科幻小说讲述了生物学家阿龙纳斯跟随尼摩船长乘坐诺第留斯号潜艇在海底进行两万里环球探险旅行的故事。

B. 杨修、香菱、菲利普夫妇、闰土这四个人物分别出自元末明初小说家罗贯中的《三国演义》、清代小说家曹雪芹的《红楼梦》、法国作家莫泊桑的《我的叔叔于勒》和我国现代文学家鲁迅的《故乡》。

C.《水浒传》塑造了一大批栩栩如生的人物形象，这些人物既有共性又有个性。例如，鲁智深和李逵都疾恶如仇、侠肝义胆、脾气火暴，但鲁智深头脑简单，直爽率真；李逵则粗中有细，豁达明理。

D. 法布尔的《昆虫记》被誉为"昆虫的史诗"，除了真实地记录昆虫的生活外，还透过昆虫世界折射出社会人生。全书充满了对生命的关爱之情和对自然万物的赞美之情。

2.阅读下列文字，回答问题。

① 苍蝇还生长着一对结构奇特的比脑袋还大的蜂窝状的眼睛——复眼。

② 科学家根据复眼的结构已研制出一种"蝇眼相机"，它的镜头是由 1329 块小透镜黏合而成的，一次可拍摄 1329 张相同的照片，其分辨率高达每厘米 4000 多条线。

③ 由复眼的结构还研制出了光学测速仪，可以测量转动物体的速度。

④ 苍蝇是人类的美味佳肴。苍蝇身上含有丰富的蛋白质、脂肪。其中蛋白质占有 40% 左右，脂肪占 10%—15%。

⑤ 而苍蝇的幼虫——蝇蛆的蛋白质含量则更高，还含有钙、镁、磷等微量元素。在提取蛋白质的过程中还可开发高级食品，生产过程中同时可得到抗生素、凝集素等。

⑥ 因此，在科学日益发展的今天，只要我们善于发现，善于探索，就连"四害"之一的苍蝇也可成为人类宝贵的资源。

（1）下面一段文字是从上文中摘取出来的，请说说它应安放在什么地方。

"而且苍蝇的繁殖能力在昆虫世界位居第一，一对苍蝇四个月可生育 2660 亿个蝇蛆，可积累纯蛋白质 600 吨以上，生产潜力大，周期短，是迄今用其他方法生产动物蛋白质无法相比的。"

_____

_____

_____

_____

_____

（2）这篇说明文恰当的文题是（　　　）。

A. 有用的苍蝇

B. 苍蝇的贡献

C. 变害为宝

D. 要善于发现

（3）这篇文章的结构是（　　　）。

A. 总——分

B. 总——分——总

C. 分——总

D. 分——总——分

（4）这篇文章的层次划分是（　　　）。

A. ①②／③④⑤／⑥

B. ①②③／④⑤／⑥

C. ①／②③④／⑤／⑥

D. ①②③⑤／⑥

（5）本文第④段运用的主要说明方法是（　　　）。

A. 下定义、列数字

B. 打比方、作诠释

C. 作诠释、下定义

D. 打比方、列数字

名著真题演练

一、作品文学常识

1.昆虫记是一部（　　　）。

A.文学巨著，科学百科　　　B.文学巨著

C.科学百科　　　　　　　　D.优秀小说

2.法布尔为写《昆虫记》（　　　）。

A.调查了许多资料

B.翻阅了许多百科全书

C.养了许多虫子

D.一生都在观察虫子

3.法国有一个人耗尽了一生的精力来研究昆虫，并专为昆虫写出了十卷大部头的书，这个人是_____，这本书是_____，这本书又译作《_____》或《_____》，这部书被誉为"_____"，我们学过其中的一篇课文叫作《_____》。

4.《昆虫记》从片段来说就是一部_____，从整体来说则是不逊于《伊利亚特》和《奥德赛》的辉煌的虫类_____。

二、作品人物形象

1.《昆虫记》透过昆虫世界折射出（　　　）。

A. 历史　　　B. 社会机制　　　C. 社会人生　　　D. 动物世界

2. 下列有关《昆虫记》中各种昆虫外形的表述错误的是（　　　）。

A. 蜻蜓的整个身躯细长、苗条、柔美、轻盈，它的脑袋圆圆的，脑袋上长着一双突出的、绿宝石似的大眼睛和一张铁钳似的嘴巴，紧挨着脑袋的是它的身子。身子上面长着两对薄纱似的翅膀，身子下面是四条尖细的腿，身子后面是长长的尾巴，尾巴由许多小节组成，能自由地弯曲。

B. 蝈蝈是一种好斗的昆虫，它的身子大约长20毫米，是黑褐色的，头上长着一对长长的触角，比身子还长呢！它有三对脚，前面一对又细又短，中间那对就略微粗一些，长一些，最后那对不仅又粗又长，而且长着许多小刺。

C. (瓢虫) 它们的身体鼓鼓的，像半粒豌豆，鞘翅光滑有绒毛，通常黑色的鞘翅上有红色或黄色的斑纹，或红色、黄色的鞘翅上有黑色的斑纹，但也有些瓢虫，鞘翅是黄色、红色或棕色的，没有斑点，这些鲜艳的颜色有警戒的作用，可以吓退天敌。

D. 在池塘的深处，水甲虫在活泼地跳跃着，它的前翅的尖端带着一个气泡，这个气泡是帮助它呼吸用的，它的胸下有一片胸翼，在阳光下闪闪发光，像一块佩戴在一个威武的大将军胸前的闪着银光的胸甲。

3. 下列有关《昆虫记》中每个昆虫特点的说法错误的是（　　　）。

A. 萤火虫从外表上来看，有六只短足，喜欢用足走路，雄性萤火虫到了发育完全的时候会长出翅盖，像甲虫一样，因为它本身就是昆虫；而雌性萤火虫终生处于幼虫的状态。

B. 蟋蟀在选择住处时，不会选择天然形成的隐蔽场所，因为这些洞都不合适，都建造得十分草率，没有安全保障。蟋蟀们通常会选择那些排水条件优良，有充足阳光的地方，选择好了以后还要自己动手建造。

C. 蝈蝈后足强健，大腹，善跳跃，生于原野草丛、矮林、灌木，平时隐藏于草中，或在植物茎秆上爬行、栖息、觅食，主要吃植物的茎、叶、瓜、果等。

D. 干泥蜂喜欢将巢筑在干燥阴暗的地方。它们经常把巢建在烟囱里，因为烟囱里的温度适宜干泥蜂生存，但是干泥蜂的幼崽们经常会憋死，所以干泥蜂会将巢建在宽阔的烟囱里。

三、作品主要内容

1.《昆虫记》行文生动活泼，语调轻松诙谐，充满了盎然的情趣，除了真实地记录了_____，还_____。

2. "它们扇动双翅，四足高高跷起，黑黑的肚子卷起触到黄色的足。用大颚仔细观察，从闪亮的淤泥表面挑选出精华。"这是法布尔在《昆虫记》中描写_____用淤泥垒建巢穴时的情景。

3. 下列关于名著的表述，不正确的一项是（　　　）。

A.《伊索寓言》有不少故事是借动物形象嘲讽人类缺点的。如《蚯蚓和狐狸》《骆驼和宙斯》是嘲笑那些吹牛皮说大话的人，《蚂蚁和蝉》是讽刺那些好逸恶劳的人。

B.《昆虫记》是优秀的科普著作，也是公认的文学经典，它行文生动活泼，语调轻松诙谐，充满了盎然的情趣。

C.《简·爱》这部小说以第一人称叙述，具有强烈的主观色彩，亲切感人，作者是英国女作家夏洛蒂·勃朗特。

D.《海底两万里》是一部纯虚构的科幻小说，描绘了人们在大海里的种种惊险奇遇。潜艇在大海中任意穿梭，海底时而险象丛生、千钧一发，时而景色优美、令人陶醉。

四、作品阅读鉴赏

阅读下面的文字，完成后面的问题。

他用所有的财富换来了一所坐落于小镇上的旧民宅。他给这个居所取了一个风趣的雅号——荒石园。他穿着农民的粗呢子外套，整日辛勤种植。终于，百花争妍，灌木成丛，一座百虫乐园建成了。从此，他守着心爱的荒石园，不知疲倦地从事着独具特色的昆虫学研究，终于硕果累累。

材料中的"他"是谁？他是哪国人？他的代表作品是什么？如果让你为同学们推荐一下这本书，你能用简洁扼要的语言为这部作品写一段精彩的推荐语吗？

_____

_____

_____

_____

五、综合训练

1. 下列关于文学常识的说法，有错误的一项是（   ）。

A. 寓言是用假托的故事寄寓意味深长道理的一种文体，选自《韩非子》的《智子疑邻》和选自《淮南子》的《塞翁失马》都是寓言。

B.《丑小鸭》《绿蝈蝈》和《皇帝的新装》是丹麦作家安徒生的童话作品;《列夫·托尔斯泰》《伟大的悲剧》是奥地利作家茨威格的传记作品。

C. 我们学过的小说中有不少性格鲜明的少年形象，如鲁迅《故乡》中的少年闰土，曹文轩《孤独之旅》中的杜小康，以及林海音《爸爸的花儿落了》中的英子等。

D. 宋代周敦颐的《爱莲说》赞美了莲"出淤泥而不染"的高洁品格;同为宋代的范仲淹在《岳阳楼记》中抒发了"先天下之忧而忧，后天下之乐而乐"的远大抱负。

2. 下列说法有误的一项是（   ）。

A. 鲁迅，原名周树人，伟大的文学家、思想家、革命家。我们学过的《从百草园到三味书屋》《藤野先生》都出自他的散文集《朝花夕拾》。

B.《松树金龟子》的作者法布尔是法国昆虫学家、作家。达尔文赞扬他是"难以效法的观察家"，他以毕生精力写出的《昆虫记》十卷被认为是"科学与诗的完美结合"。

C. 在古代，"江"指长江，"河"指黄河，今天的"江""河"则泛指河流。

D. "而立"代称三十岁，"而立之年"指遇事能明辨不疑的年龄；"不惑"代称四十岁，"不惑之年"指有所成就的年龄。

3. 下列说法正确的一项是（　　　）。

A. 雨果、莫泊桑、茨威格、法布尔都是法国作家，法布尔的《绿蝈蝈》选自《昆虫的故事》。

B.《孙权劝学》一文里"孤岂欲卿治经为博士邪"中的"经"即儒家经典，其中"五经"指《诗》《书》《礼》《易》《论语》。

C. 小说的三要素包括人物、情节、环境，其中情节是小说刻画的中心。初中三年，我们学过的小说有《社戏》《孤独之旅》《热爱生命》等。

D.《繁星》《春水》是冰心在印度诗人泰戈尔《飞鸟集》的影响下写成的，大致包括三个方面的内容：对母爱与童真的歌颂，对大自然的崇拜和赞颂，对人生的思考和感悟。

4. 阅读下列文字，回答问题。

清晨，我在门前散步，突然旁边的梧桐树上落下了什么东西，同时还有刺耳的吱吱声，我（　　　）了过去，那是一只蝈蝈正在（　　　）着处于绝境的蝉的肚子。我明白了，这场战斗发生在树上，发生在一大早蝉还在休息的时候。不幸的蝉被活活咬伤，猛地一跳，进攻者和被进攻者一道从树上掉了下来。有时我甚至还看到蝈蝈非常勇敢地纵身（　　　）蝉，而蝉则惊慌失措地飞起（　　　）。就像鹰在天空中追捕云雀一样。但是这种以劫掠为生的鸟比昆虫低劣，它是进攻比它弱的东西，而蝈蝈则相反，它进攻比自己大得多、强壮有力得多的庞然

大物，而这种身材大小悬殊的肉搏，其结果是毫无疑问的。蝈蝈有着有力的大颚、锐利的钳子，不能把它的俘虏开膛破肚的情况极少出现，因为蝉没有武器，只能哀鸣踢蹬。

（1）给句中的空格选择合适的词语，并说明理由。

①我（　　）了过去，那是一只蝈蝈正在（　　）着处于绝境的蝉的肚子。

A.走、咬　　　B.跑、啄　　　C.望、吃　　　D.跑、吃

选（　　），理由：_____

_____。

②有时我甚至还看到蝈蝈非常勇敢地纵身（　　）蝉，而蝉则惊慌失措地飞起（　　）。

A.追赶、逃跑　　　　　　B.追捕、躲避

C.追击、避让　　　　　　D.追捕、逃窜

选（　　），理由：_____

_____。

（2）"就像鹰在天空中追捕云雀一样"，作者把谁比作鹰，把谁比作云雀，它们有什么相似的地方，又有什么不同？

_____

_____

_____

_____

_____

（3）在这一段文字里作者赋予了蝈蝈以人的什么品质？请你也选

择一种动物，看看可以赋予它什么品质。

_____

_____

_____

名著读后感

《昆虫记》读后感（1）

第一次读《昆虫记》，它就深深地吸引了我。这是一部详细记录昆虫们生育、劳作、生活习性等相关知识的文学科普书，平实的文字，幽默的叙述，动人的情节……人性化的虫子们翩然登场，多么奇异、有趣的故事啊！《昆虫记》中那些具体而详细的文字，不时让我感到仿佛置身现场一样。被我忽视太久了的昆虫的身影以及它们的鸣叫，一下子聚拢过来，我发现了大自然惊人的奥秘。

往下看，是一个个有趣的故事，丰富的故事情节使我浮想联翩。

我看到法布尔细致入微地观察毛虫的旅行，我看到他不顾危险地捕捉黄蜂，我看到他大胆假设、谨慎实验、反复推敲实验过程与数据，一步一步推断高鼻蜂毒针的作用时间与效果，萤的捕食过程，捕蝇蜂处理猎物的方法，孔雀蝶的远距离联络……一次实验失败了，他收集数据、分析原因，转身又设计下一次。严谨的实验方法，大胆的质疑精神，勤勉的态度使我感受到宝贵的科学精神。

昆虫学家法布尔以人性观照虫性，历尽千辛万苦写出传世巨著

《昆虫记》，为人间留下一座富含知识、趣味、美感和思想的文学宝藏。这部作品行文生动活泼，语调轻松诙谐，充满了盎然的情趣。在作者的笔下，杨柳天牛像个吝啬鬼，身穿一件似乎"缺了布料"的短身燕尾礼服；小甲虫"为它的后代无私地奉献，为儿女操碎了心"；而被毒蜘蛛咬伤的小麻雀也会"愉快地进食，如果我们喂食动作慢了，它甚至会像婴儿般哭闹"。多么可爱的小生灵！难怪鲁迅把《昆虫记》奉为"讲昆虫生活"的楷模。

我叹服法布尔为探索大自然付出的热情与行动，让我感受到了昆虫与环境息息相关，感受到了作者的独具匠心。《昆虫记》让我的眼界开阔了，读完这本书，我看待问题的角度不一样了，理解问题的深度也将超越以往。我觉得《昆虫记》是值得一生阅读的好书，我想无论是谁，只要认真地阅读一下《昆虫记》，一定会收获良多。

《昆虫记》读后感（2）

《昆虫记》是一部非常吸引人的著作，因为这部科普作品也带有文学色彩，文中的一字一句都体现了作者丰富的情感，同时展现了昆虫独一无二的个性。

灯下，我静静地坐在书桌前，一手托着下巴，一手握着一支笔，桌上放着已经翻阅了无数遍的《昆虫记》。一个人耗尽一生的光阴来观察、研究昆虫，已经是奇迹了；一个人一生专为昆虫写出十卷大部头的书，更是伟大的奇迹；而这些奇迹的创造者就是法国著名昆虫学家法布尔。《昆虫记》是他不朽的传世佳作，不仅是一部文学巨著，也是一部科学百科。

《昆虫记》中详细介绍了许多昆虫，介绍了它们的本能、习性、劳动、婚恋、繁衍和死亡等内容。

法布尔对昆虫有着浓厚的兴趣，因此他的《昆虫记》也让我在阅读时感觉自己仿佛就是那个在旁观昆虫的记录者。每一只昆虫都有人一样的情感，比如："已经慌了神的蝗虫，完全把'三十六计走为上策'这一招忘到脑后去了。"

《昆虫记》是法布尔用一生的时间与精力仔细地观察了昆虫的生活和昆虫为生活以及繁衍所进行的斗争，并将观察所得确切地记入笔记，最后编写成书。《昆虫记》共有十大册，每册包含若干章，每章详细、深刻地描绘一种或几种昆虫的生活。

法布尔被誉为"昆虫诗人"。在晚年，法布尔出版了《昆虫记》最后几卷，使他不但在法国受到众多读者的喜爱，而且在世界各国享有盛誉。文学界尊称他为"昆虫世界的维吉尔"，可惜没有等到诺贝尔委员会授予他大奖，这位歌颂昆虫的大诗人便已与世长辞了。

《昆虫记》读后感（3）

近日，我读完了《昆虫记》这本书，感触很深。

这本书的作者通过仔细观察，多次实验，细致地描写了各种昆虫的生活习性、繁殖和捕食的方式，向读者展现了一个奇妙的昆虫世界。作者写得栩栩如生，读者读得兴趣盎然。

整本书里的昆虫都让我产生了浓厚的兴趣，这都要归功于作者的认真观察与细腻描绘。比如，作者描写螳螂时，写到了螳螂的大腿下面生长着两排十分锋利的像锯齿一样的东西。在这两排尖利的锯齿后面，还生长着一些大牙，一共有三个。为首的那条松毛虫一面探测，一面稍稍地挖一下泥土，似乎在测定土的性质等。只有仔细观察不够，还要有细致的描写，这样读者才能看懂。比如，在形容小筒的外貌时，作者认为它有点像丝织品，白里略透一点红，小筒的上面叠着一层层鳞片，就跟屋顶上的瓦片似的。这些细致描写使整本书更加生动、具体、引人入胜。

昆虫世界非常奇妙！在我没读这本书之前，我不知道管虫会穿"衣服"，不知道松蛾虫会预测天气，也不知道小蜘蛛会用丝线飞到各个地方。有些动物的思维方式比人还高，例如，赤条蜂给卵留食物时，是把毛毛虫弄得不能动，失去知觉，而不是杀死毛毛虫，这样，就可以给食物"免费"保鲜。又如，舍腰锋给卵捕捉蜘蛛时，只捕捉小的，这样只要一顿就可吃完，每顿还可以吃到新鲜的。

作者之所以能写出这些是因为他善于观察，而我是一个不太会观察生活的人，因此，老师让我们写作文的时候，我总想不到写作题材。不过，一次去上课的路上，我发现了一队蚂蚁正在搬食物，经过观察我发现，蚂蚁是先把食物切成小块，然后顶在头上搬回窝里，然后原路返回，再搬。这次我虽然仔细观察了，但因为这是我感兴趣的事。现在我明白了：不能只对我们感兴趣的事仔细观察，应该对周围的一切都保持敏锐的洞察力，只有这样才能做到无处不文章。瞧！小小的昆虫世界也蕴含着大学问呢！

生活是写作的源泉，这是读完《昆虫记》后，我深刻体会到的。

《昆虫记》读后感（4）

最近，我读了著名昆虫学家法布尔写的《昆虫记》这本书。作者把各种各样、五颜六色的小昆虫都表现得活灵活现；把那些小昆虫怎样筑巢、怎样捕捉食物，它们的颜色、形态等都描写得一清二楚；还把蜘蛛、绿蝇、螳螂等写得栩栩如生。在这些昆虫里面，我印象最深刻的就是大孔雀蝶和螳螂。

大孔雀蝶是一种为爱而生的蝴蝶。这些既漂亮又大、像鸟一样的蝴蝶，好像从来都不知道如何去寻找食物吃。它们会花费一生的时间来寻找自己的配偶。只可惜，它们的生命只有短短的几天。

因为它们只知道爱，却不知道像别的蝴蝶那样在花丛中吸吮花汁，所以它们自然就不会长寿。但是凶残、毒辣的螳螂可就不像大孔雀蝶一样拥有那么多爱心了，它也绝对不会那么温柔。不过，螳螂长着苗条的身材，再配上淡绿色的皮肤和纱一样的翅膀，显得特别优雅。

可是，人们却万万没有想到，这个外表看上去异常美丽的昆虫，竟然是一个凶狠手辣的"杀手"。只要有其他昆虫从它们身边经过，不论是什么样的昆虫，也不论是无意冒犯还是路过的，螳螂都会立刻气势汹汹地冲上去。

螳螂爱吃活的昆虫。软颈、大刀和锯齿是螳螂最具杀伤力的三大武器。在所有昆虫中，只有螳螂的颈部是软的，但它的凶恶和残忍是人们想象不到的，因为螳螂不仅吃其他昆虫，还会吃自己的亲朋好友。

更惊人的是，雌螳螂会吃掉自己的丈夫！真没想到，大自然里会有自相残杀的事情发生。

　　法布尔在观察某种昆虫时，一观察就是几个小时、几天，或更长的时间。他遇到困难时坚持不懈，用一生的时间写完《昆虫记》，这种可贵的精神特别值得我们学习。我们只有用心去品味这本书的精华，才能对他所研究的昆虫有更深层的认识。

参考答案

名著大通关

一、作品文学常识

1. C

2. D

3. A

4. D

二、作品人物形象

1. 清道夫

2. D

三、作品主要内容

1. D

2. C

3. C

四、作品阅读鉴赏

1.《昆虫记》 生活习性 讲卫生

2.（1）《昆虫记》《绿蝈蝈》

 （2）准备捕食蝗虫时 机警从容

五、综合训练

1. C

2.（1）放在第⑤自然段"……微量元素。／在提取蛋白质过程中……"两句之间。

（2）B

（3）B

（4）C

（5）D

名著真题演练

一、作品文学常识

1. A

2. D

3. 法布尔；《昆虫记》；《昆虫的故事》；《昆虫学札记》；"昆虫界的史诗"；《绿蝈蝈》

4. 传记；抒情诗

二、作品人物形象

1. C　2. A　3. D

三、作品主要内容

1. 昆虫的生活；透过昆虫世界折射出社会人生

2. 长腹蜂

3. A

四、作品阅读鉴赏

法布尔；法国；《昆虫记》；推荐语言之有理即可。

五、综合训练

1. B

2. D

3. D

4. (1) ①B。"我"是一个对自然界充满好奇心的人，所以"我"应该急切地"跑"过去，而不是慢慢地"走"过去，而且蝈蝈和蝉都很小，离得远也不可能望见；蝈蝈嘴小，蝉大，应该是蝈蝈在一口一口地啄蝉，把蝉啄死，而"吃"和"咬"都没有这个意思。

②D。"追捕"比"追赶"和"追击"更明确地表明蝈蝈攻击蝉的目的；"逃窜"比其他词语更能突出蝉的速度很快，而且感情色彩更明显。

（2）作者把蝈蝈比作鹰，把蝉比作云雀。相似的是捕猎的关系，不同的是鹰比云雀大而强壮，而蝈蝈比蝉小得多，看起来也没有蝉强壮。

（3）作者赋予了蝈蝈勇敢的品质。比如蚂蚁是一种非常善于团结协作的小动物，还有蜜蜂非常勤劳，狗很忠实等。